住房城乡建设部土建类学科专业"十三五"规划教材
高等学校城乡规划学科专业指导委员会规划推荐教材

城市总体规划

彭震伟　张尚武　等　著

中国建筑工业出版社

审图号：GS京（2022）0916号

图书在版编目（CIP）数据

城市总体规划/彭震伟，张尚武等著. —北京：中国建筑工业出版社，2019.5（2025.2 重印）

住房城乡建设部土建类学科专业"十三五"规划教材

高等学校城乡规划学科专业指导委员会规划推荐教材

ISBN 978-7-112-19013-3

Ⅰ.①城…　Ⅱ.①彭…　Ⅲ.①城市规划—总体规划—高等学校—教材　Ⅳ.①TU984.11

中国版本图书馆CIP数据核字（2016）第010659号

本教材是住房城乡建设部土建类学科专业"十三五"规划教材、高等学校城乡规划学科专业指导委员会规划推荐教材，侧重从规划编制实践的角度对城市总体规划进行系统全面的介绍，重在指导学生正确有效地开展对城市总体规划的编制，从城市总体规划概述、城市总体规划的空间层次、城市空间布局规划、城市综合交通和专项规划、城市总体规划的成果表达、城市总体规划的方法与技术等方面对城市总体规划编制的核心内容进行了全面的阐述，并在书后增加了与城市总体规划编制相关的国家法规文件，收录了同济大学城乡规划专业执行的城市总体规划教学大纲等教学文件，以及近年来的城市总体规划课程设计成果。本教材可以作为全国高等学校城乡规划专业的教学用书，也可供城乡规划行业相关从业人员参考。

为更好地支持本课程的教学，我们向使用本书的教师免费提供教学课件，有需要者请与出版社联系，邮箱：jgcabpbeijing@163.com。

责任编辑：杨　虹
责任校对：姜小莲

住房城乡建设部土建类学科专业"十三五"规划教材
高等学校城乡规划学科专业指导委员会规划推荐教材

城市总体规划

彭震伟　张尚武　等　著

*

中国建筑工业出版社出版、发行（北京海淀三里河路9号）

各地新华书店、建筑书店经销

北京雅盈中佳图文设计公司制版

北京中科印刷有限公司印刷

*

开本：787×1092毫米　1/16　印张：13　字数：287千字

2019年6月第一版　2025年2月第七次印刷

定价：49.00元（赠教师课件）

ISBN 978-7-112-19013-3

　　（33879）

前　言

在城市规划编制体系的所有类型中，城市总体规划是唯一以城市整体作为研究与规划对象的，其内容涉及城市经济、社会、文化、生态和物质环境等各个方面，其研究地域不仅涉及城市的行政辖区和中心城区，关乎城市与乡村地域的发展与统筹，还涉及城市与外部区域的各项经济社会联系等，因此，城市总体规划也是城市规划编制体系中一项最综合和最复杂的规划类型。

在城市规划的教学体系中，城市总体规划教学一向是最为主要的教学环节，不仅可以掌握城市总体规划编制的能力，更可以将大学课堂中所学的各门城市规划专业课程知识在城市总体规划的教学环节中得到验证，并且加深对城市整体的认识和理解。因此，全国城乡规划学科专业指导委员会编制的《高等学校城乡规划本科指导性专业规范》(2013年版)将"城市总体规划和村镇规划"列为城乡规划专业的10门核心课程之一，其课程教学内容综合体现了城市与区域发展、城乡规划理论与方法、城乡空间规划、城乡专项规划和城乡规划实施等5个城乡规划专业知识领域及其25个核心知识单元的内容。

在目前高校的城乡规划教学体系中，在城市总体规划方面通常有城市规划原理和城市规划实践两类。据了解，全国高校城乡规划专业中城市规划原理课程的执行情况普遍较好，但城市总体规划课程设计的教学执行却参差不齐。由于师资队伍、实习基地建设以及教学经费等多方面原因，不少学校的城乡规划专业学生缺乏完整的城市总体规划实习及课程教学过程，弱化了城市总体规划课程设计教学环节对城乡规划专业知识进行整合提升的作用，没有能真正发挥该课程的应有作用效应。

本书侧重从规划编制实践的角度对城市总体规划进行系统全面的介绍，重在指导学生正确有效地开展对城市总体规划的编制，其内容除了对城市总体规划基本特点和主要内容的概述外，从城市总体规划的空间层次、城市空间布局规划、城市综合交通和专项规划、城市总体规划的成果表达、城市总体规划的方法与技术等方面对城市总体规划编制的核心内容进行了全面的阐述，并在书后增加了城市规划编制办法、城市总体规划审查要点以及城市总体规划评估办法等与城市总体规划编制相关的国家法规文件，以帮助师生们在教学过程中与规划编制实践的紧密结合。但是，本书的编写并不完全按照城市总体规划编制办法的顺序要求，目的是为了更好地与城市总体规划编制的原理相结合，能更清晰地阐述城市总体规划编制内容的内在结构和逻辑关系。

随着我国城镇化发展进程的推进和深化，提出了更多针对城市发展与管理的改革要求，也直接体现到对城市总体规划的编制要求中。本书已根据近几年来在我国城市总体规划编制实践中的探索，增加了相关的内容，如城乡一体化发展、城市空间增长边界划定、城市总体规划的技术支持等。同时，本书还收录了同济大学城乡规划专业执行的城市总体规划教学大纲和教学任务书等教学文件，以及近年来的城市总体规划课程设计成果汇编等。

由于我国城乡发展的进程和特点在不断变化和完善之中，城市总体规划课程教学也处于不断完善的过程中。同济大学的城市总体规划课程教学团队不断与时俱进，完善和发展了城市总体规划课程设计的内容。2009 年城市总体规划课程入选国家精品课程，2013 年入选国家精品资源共享课程，2014 年又开展了大型开放式网络课程(MOOC) 的建设。感谢同济大学城市总体规划课程教学团队的全体成员在本课程建设中所持续付出的艰辛和努力，也感谢全国城乡规划学科专业指导委员会和各高校同行对本课程建设的指导和提出的宝贵意见。衷心希望通过大家的共同努力，不断完善城市总体规划课程建设和提升我国城乡规划专业的教育水平。

彭震伟

同济大学　教授

全国高等教育城乡规划专业评估委员会　主任委员

目 录

—Contents—

1 城市总体规划概述

1.1 城市总体规划的基本特点

　　2008 年我国颁布的《城乡规划法》所确定的城乡规划体系包括了城镇体系规划、城市规划、镇规划、乡规划和村庄规划，这个体系是按照地域空间的序列进行分解和落实的。城市总体规划属于城乡规划体系中的城市规划，是城市规划的重要组成部分。

　　城市总体规划的任务是：①研究城市定位和发展战略。以全国城镇体系规划、省域城镇体系规划以及其他上层次法定规划为依据，从区域经济社会发展的角度来研究城市的定位与发展战略；②按照城市人口和产业以及与就业岗位协调发展的要求，控制城市人口规模和提高人口素质；③根据有效配置公共资源和改善人居环境的要求，综合发挥中心城区的区域辐射和带动作用；④合理确定城乡空间布局，促进区域经济社会全面协调与可持续发展。从以上这些城市总体规划的任务可以看出，城市总体规划包括了市域和中心城区两个不同的空间层次，即市域城镇体系规划和中心城区规划。以内蒙古通辽市的城市总体规划为例（图 1-1-1），该规划包括了全市域 5.95 万 km² 范围的市域城镇体系规划和中心城区规划，市域城镇体系规划范围内包括了 87 个建制镇以上的

通辽市城市总体规划 (2005-2020)

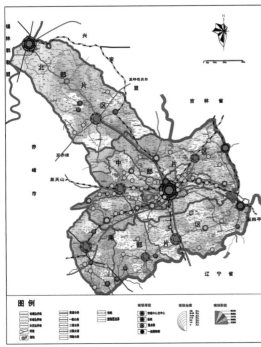

图 1-1-1　通辽市市域城镇体系规划图

通辽市城市总体规划 (2005-2020)

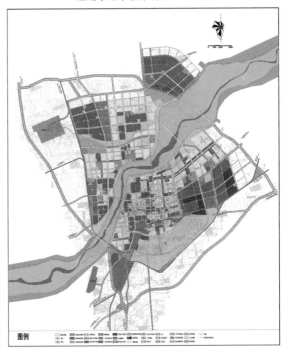

图 1-1-2　通辽市主城区用地规划图

城市和城镇，中心城区的规划建设用地范围为 137 平方公里（图 1-1-2），规划城市人口 98 万人（至 2020 年）。

　　根据以上城市总体规划的任务可以看出，城市总体规划是由城市人民政府来组织编制的，并且城市人民政府在提出编制城市总体规划之前，还应做好以下的工作。第一，要对现行的城市总体规划以及各专项规划的实施情况进行总结，对基础设施的支撑条件和建设条件做出评价；第二，要针对存在的问题和出现的新情况，从土地、水、能源、环境等城市长期的发展保障条件出发，依据《全国城镇体系规划》、《省域城镇体系规划》以及其他上位规划，着眼区域统筹和城乡统筹，对城市的定位、发展目标、城市功能和空间布局等战略问题进行前瞻性的研究，作为城市总体规划编制的工作基础。

1.1.1　确定城市定位和城市发展战略

　　一个城市的全部经济活动，根据其服务对象的不同，可以分为基本活动和非基本活动两个部分。基本活动是为城市以外的需要服务的，是城市得以存在和发展的经济基础，是城市发展的主要内在动力；而城市的非基本活动是为本城市居民的正常生产和生活服务的，这些服务会随着前者的发展而发展。城市发展的内在动力主要来自输出活动即基本活动的发展。因此，分析一个城市的定位和发展战略，主要应从区域经济社会发展的角度进行，如将全国城镇体系规划、省域城镇体系规划以及其他上层次法定规划对城市发展的要求作为依据。在城市总体规划中，相应的内容是确定城市职能与城市性质。城市职能是城市在国家和地区的政治、经济、文化、生活中所担负的任务和作用。城市的主导职能就是城市性质。城市性质的确定可以依据国家的方针、政策及国家经济社会发展规划对城市发展的要求，以及城市在所处区域的地位与所担负的任务，还要考虑城市自身所具备的条件，包括资源条件、自然地理条件、建设条件以及历史和现状基础的条件等。

　　例如，在烟台的城市定位和城市性质确定中，要充分考虑烟台处于环渤海经济增长极区和我国沿海经济带以及东北亚经济圈的交汇点和发展前沿，区位优势非常突出（图1-1-3）。国家工业化、经济全球化、区域集团化以及山东半岛的集群化等因素为烟台提供了重大发展机遇。同时，烟台的海陆空交通体系支撑强劲，腹地范围即将扩展，腹地的国民经济将翻倍地增长，这些巨大的潜能将得到充分的发挥。因此，烟台的城市定位可以从以下几个方面加以分析：首先，烟台是区域性的中心城市。它既是山东半岛的副中心城市，也是跨黄海、渤海区域性的中心城市，环渤海湾地区又将成为我国北方地区的重要发展核心，两者因素叠加，使烟台的地位突变，成为区域性的中心城市。其次，烟台是港口城市。在经济全球化和东北亚经济迅速发展的背景下，这个地区现有的港口格局不足以支撑未来国民经济社会发展的需要，尤其从烟台港到黄骅港之间400km的海岸线不可能再有新的大港出现，随着交通瓶颈的突破、腹地的扩大，以及腹地经济实力的增强，烟台港的崛起也是势在必行。第三，烟台是一座魅力之城，烟台的山、海、城的特色、人文历史背景以及前沿区位条件是其国际化、多元文化交融和富有活力与魅力的城市发展的坚实基础。因此，烟台的城市性质可以概括为：环渤海南部的区域性中心城市，重要的港口以及旅游城市。烟台的特色也可以归纳为以生态、人文、山海为特色的富有魅力、宜居的滨海城市。

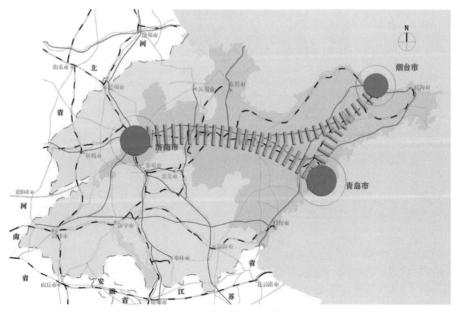

图1-1-3　烟台市区位图

同样作为沿海城市的连云港，它的城市定位和城市性质的确定要充分考虑到连云港位于江苏省东北部的黄海之滨、新欧亚大陆桥的东方桥头堡和国家首批对外开放的城市、上海和青岛之间迅速发展的干线港、江苏省城镇体系一级二类中心城市和淮海经济区中心城市之一，同时，连云港也是江苏省振兴苏北的龙头城市和江苏沿海区域性国际商务中心城市。通过以上这些定位分析，可以归纳连云港的城市性质为：国际性的海滨城市，现代化港口和工业城市，山海相拥的知名旅游城市（图1-1-4）。

1.1.2　合理控制城市人口规模和提高人口素质

城市的人口发展与城市的经济规模有着密切的关系。在城市总体规划当中，要按照人口与产业、就业岗位协调发展的要求，合理预测规划期末的城市人口规模，为城市各项事业的发展提供必要的依据。通过对规划期内城市人口发展的趋势判断，依据城市未来发展的目标，还需要不断提高人口的素质，如在城市的市域范围内不断提高城镇化水平，在中心城区内通过就业人口素质和技能的提升，满足城市发展对劳动力和人才的需求。根据城市人口与城市用地发展的对应关系，通常在城市总体规划中，首先是进行城市人口规模的预测，并根据城市人口规模预测城市用地规模。

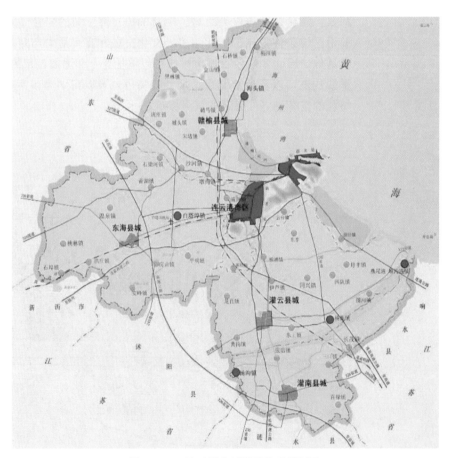

图1-1-4　连云港市域城镇体系规划图

在城市人口规模预测中通常有以下几种方法：①综合平衡法，城市人口的增长是由上一年人口加上人口自然增长和机械增长来综合判断。②区域分配法（城镇化法），根据区域经济发展预测城镇化水平，将城市人口和城镇人口根据区域生产力布局分配给各个城镇。③环境容量法，根据城市基础设施的支持能力和自然资源的供给能力，计算城市的极限人口规模。④线性回归法，根据多年人口资料所建立起来的人口发展规模与年份之间的相互关系，依据数理分析的方法来预测人口规模。在考虑城市人口总量的同时，还需要考虑城市人口的各类结构，如人口结构、学历结构、从业结构等。

从城市的人口规模预测城市用地规模是城市总体规划通常采用的方法。规划城市用地规模是指到规划期末城市建设用地范围的大小，在对规划城市人口规模进行预测的基础上，按照国家《城市用地分类与城市规划用地标准》确定的人均城市建设用地指标，计算出规划期末城市的用地规模。即规划城市的用地规模＝预测的规划城市人口规模 × 人均城市建设用地。

1.1.3 发挥中心城市的区域辐射和带动作用

城市总体规划包括市域和中心城区两个不同的空间层面。在市域空间层面有着具有不同职能分工、不同等级规模、空间分布有序的城镇群体，这个城镇群体内部有着密切的联系和相互依存。其中，凡是对区域的经济社会活动起到中心组织作用的城市，即为区域中心城市。中心城市的形成和发展，也受到相关区域的资源和其他发展条件的制约。因此，城市总体规划就是要通过市域城镇体系层面和中心城区层面的规划，按照有效配置公共资源、改善人居环境的要求，发挥中心城市的区域辐射和带动作用。如辽宁省葫芦岛市的市域范围内，有很多城镇构成了市域城镇体系，这一城镇体系包含了葫芦岛市下辖的县级兴城市、绥中县和建昌县行政辖区范围内的所有城镇，各个不同等级的城市和城镇之间有着非常密切的联系（图1-1-5）。这种联系除了各个城镇之间的相互联系外，更重要的是中心城市对区域的辐射。

又如，山东省诸城市，从它的城市腹地分析看，可以看到青岛市的核心与外部区域的联系，及其对外部区域的辐射，青岛市的中心城区已经进入一个辐射和扩散的阶段，诸城和青岛之间的联系在不断增强（图1-1-6）。从诸城市的角度进行分析，以诸城为中心的对外联系，包括了经济联系、客运流量以及信息关联等，综合起来可以看到诸城的区域联系的强度（图1-1-7、图1-1-8）。

1.1.4 合理确定城乡空间布局

城市总体规划中应当合理确定城乡空间的布局。从一个城市的空间发展和土地利用的变化可以看出，伴随着城市和区域的经济社会发展，城乡空间也在不断地扩张和发展。城市总体规划的任务之一就是合理确定城乡空间布局，促进区域经济社会全面、协调和可持续发展。

在《国家新型城镇化规划（2014—2020）》中提出了城市规划要由扩张性规划逐步转向限定城市边界、优化城市结构的规划，科学确定城市功能定位和形态，加强城市空间开发利用管制，合理划定城市"三区四线"（包括禁建区、

图 1-1-5　葫芦岛市域城镇体系规划图

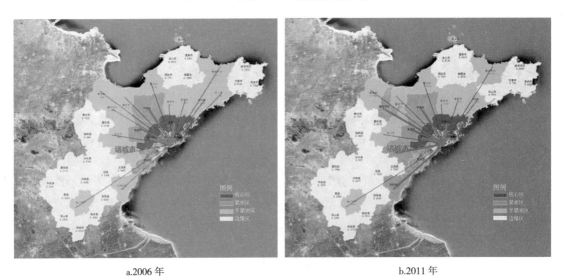

a.2006 年　　　　　　　　　　　　　　　　　　　b.2011 年

图 1-1-6　青岛市对外部区域辐射示意图（2006、2011 年）

限建区和适建区，绿线、蓝线、紫线和黄线），合理确定城市规模、开发边界、开发强度和保护性空间，统筹规划城市空间功能布局，统筹规划市区、城郊和周边乡村发展等内容，这些内容都要体现在城市总体规划中。对用地的评价是合理规划城乡空间布局的重要基础，包括用地的适建性评价、建设条件评价和用地的经济性评价。以烟台为例，烟台城市总体规划对城市发展用地的评价包

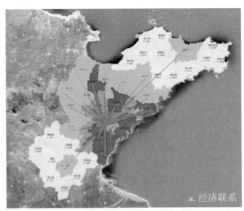

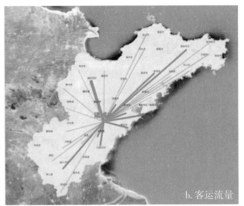

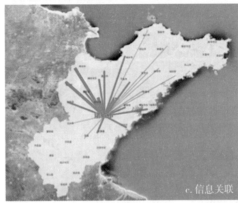

图 1-1-7 诸城市对外联系示意图（经济联系、客运流量、信息关联）

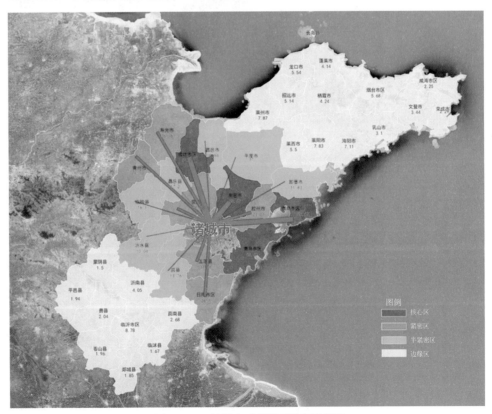

图 1-1-8 诸城市对外联系强度示意图

括了对高程、坡度、海水入侵、地下水开采漏斗、水源保护区、矿产资源分布、地质断裂带以及风景区与风貌区用地等八项内容逐项评价，在此基础上可以得出综合评价，其结论用来分析未来城市发展可以利用的建设用地（图1-1-9、图1-1-10）。

在用地评价的基础上，可以进一步分析和确定城市发展的方向，并且确定这个城市未来的规划布局以及用地规划。其中非常重要的一项内容是确定城市空间发展的边界，在城市总体规划中，要从优化城市空间结构，集约、节约土地资源，促进城市可持续发展的角度，分析评估城市生态安全和资源承载能力，研究生态保护红线、基本农田保护线和城市发展边界范围和划定方法。在划定禁止建设地区和确定城市发展边界范围时，必须从城市宏观尺度建构生态效应的评价体系。如对上海城市空间增长边界的分析中，通过上海市的主体功能区划、上海市基本生态网络规划以及城市规划与土地利用规划的两规合一等，综

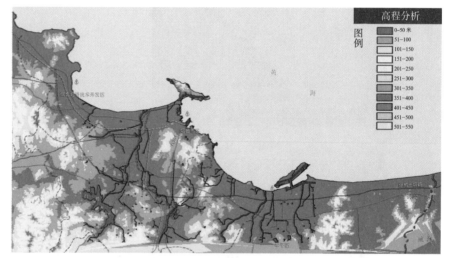

a. 高程分析

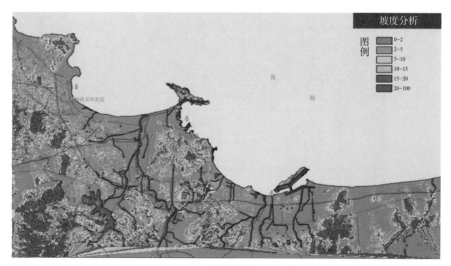

b. 坡度分析

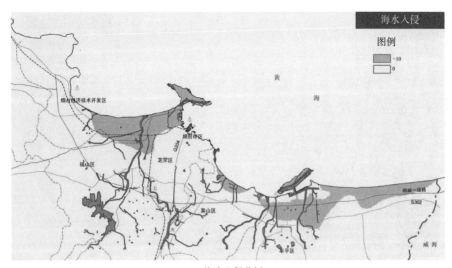

c.海水入侵分析

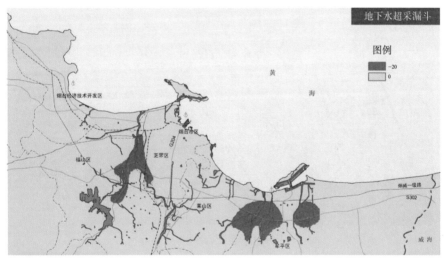

d.地下水开采漏斗分析

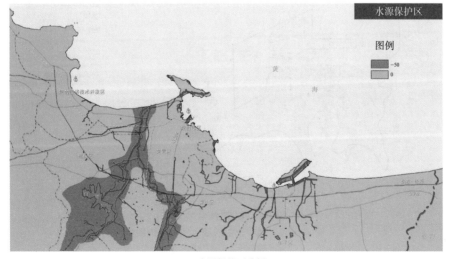

e.水源保护区分析

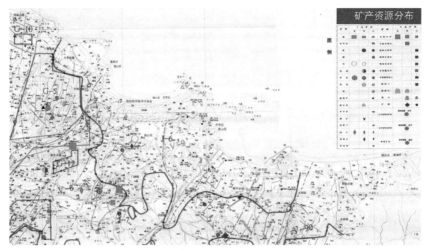

f. 矿产资源分布分析

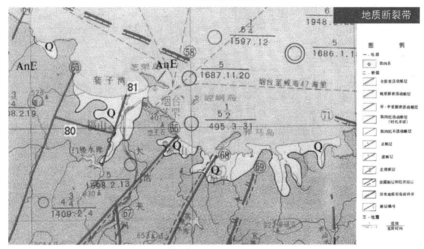

g. 地质断裂带分析

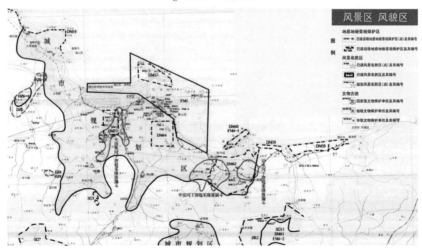

h. 风景区与风貌区分析

图 1-1-9　烟台市中心城区用地评价图

（a. 高程分析；b. 坡度分析；c. 海水入侵分析；d. 地下水开采漏斗分析；e. 水源保护区分析；
f. 矿产资源分布分析；g. 地质断裂带分析；h. 风景区与风貌区分析）

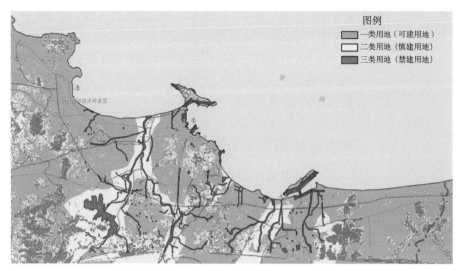

图1-1-10 烟台市中心城区用地综合评价图

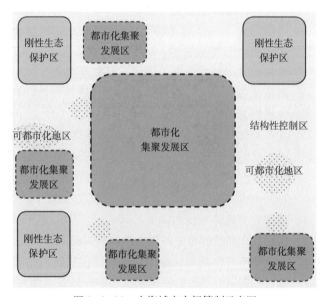

图1-1-11 上海城市空间管制示意图

合确定刚性的生态保护区和弹性的都市化集聚发展区，以及提出上海城市空间发展的边界和区域（图1-1-11）。

1.1.5 城市总体规划的公共政策属性

除了以上主要内容外，城市总体规划还体现出城市规划的公共政策属性，包括城市规划的综合性、政策性、前瞻性和长期性等特征。城市规划是一个过程，规划的真正意义在于对城市建设和发展引导、指导和控制的过程。一般而言，城市总体规划的编制年限为20年，但同时还要对20年以后的城市远景发展的空间布局提出设想。其次，城市规划的目的是为了改善城市的物质空间结构和在土地使用中反映出来的社会与经济关系，改变城市各组成要素在城市发

展过程中的相互关系，达到指导城市发展的目的。城市规划的这个目的主要是通过城市总体规划来实现的。

此外，城市规划还体现为宏观和微观的多重的作用，反映在城市规划的不同空间层面中。其中城市总体规划所发挥的宏观作用可以对微观空间层面的发展与规划起到重要的指导作用。

1.2　城市总体规划编制的主要内容

1.2.1　城市总体规划编制的法律法规要求

城市总体规划是按照国家法律法规的规定必须编制的法定规划，其编制要符合国家法律法规的要求。城市总体规划编制要以法律法规文件为依据，其中最重要的有两部，一部是《中华人民共和国城乡规划法》，这是一部经过全国人大常委会通过的法律，2008 年 1 月 1 号起实施；另一部是《城市规划编制办法》，这是一部建设部颁布的部门规章，2006 年 4 月 1 号起实施。

城市总体规划是一项非常综合的、系统的、全面的法定规划，涉及方方面面的内容。依据《城市规划编制办法》，城市总体规划包括市域城镇体系规划和中心城区规划 2 部分内容。除了上述两部法规依据，还有很多规范性文件也是编制的依据。例如，国家层面颁布的规范性文件，包括 2009 年《城市总体规划实施评估办法试行》（建规〔2009〕59 号）、2010 年的《城市总体规划修改的工作规则》（国办发〔2010〕20 号）和《关于规范国务院审批城市总体规划上报成果的规定》（建规〔2013〕127 号）等。

此外，城市总体规划的编制要符合一些相关的国家标准。例如，2012 年 1 月 1 号起实施的《城市用地分类与规划建设用地标准》GB 50137—2011、2008 年颁布的《城市公共设施规划规范》GB 50442—2008 和 2018 年颁布的《城市综合交通体系规划标准》GB/T 51328—2018 等。此为，国家相关部门和机构正在编制《城市总体规划编制审批办法》。

城市总体规划编制的法规文件依据既包括国家级的法律也包括部门规章，既包括国家标准也包括国家发布的一般规范性文件。下面选取其中的几个主要方面进行概要的介绍。

第一，城市总体规划编制要依据上位规划。《城市规划编制办法》第一章第八条规定"全国城镇体系规划和省域城镇体系规划，应当作为城市总体规划编制的依据"。

第二，城市总体规划编制要遵循规定的程序。目前，城市总体规划编制一般包括三个阶段：①城市总体规划实施评估报告阶段；②城市总体规划纲要阶段；③城市总体规划成果阶段。在住房和城乡建设部发布的《城市总体规划实施评估办法（试行）》（建规〔2009〕59 号）的基础上，许多的省（自治区）也出台了相关的细化和深化规定，对上一版的城市总体规划进行实施评估已经成为一个必备阶段。

第三，城市总体规划编制的原则。包括"专家领衔"、"部门合作"和"公众参与"等，《城市规划编制办法》第二章第十四条提及"对于重大专题，应当在城市人民政府组织下，由相关领域的专家领衔进行研究"，"专家领衔"是为了保证规划编制的科学性；《城市规划编制办法》第二章第十五条规定"对于政府有关部门意见的采纳结果，应当作为城市总体规划报送审批材料的专题的组成部分"，"部门合作"是为了更好地协调不同利益部门之间的关系，体现城市总体规划的综合协调作用；《城市规划编制办法》第二章第十六条规定，"要依法采取有效措施，充分征求社会公众的意见"。《城乡规划法》第二十六条规定得更加详细，"城市总体规划报送审批之前，要采取论证会、听证会或其他方式，征求专家和公众的意见，而且公告时间不得少于 30 日"，"公众参与"是为了更好地反映城市居民的诉求，力求做到以人为本。

1.2.2 市域城镇体系规划的编制内容

城镇体系是指一定地域范围内，以中心城市为核心，广大乡村为基础，由一系列不同规模，不同职能相互联系的城镇，组成的有机整体。通常，城镇体系规划的内容可以概括为"三结构一网络"，"三结构"指职能类型结构、等级规模结构、地域空间结构；"一网络"指交通和基础设施网络系统。

图 1-2-1 是兴城市的城镇体系规划图，从职能类型来看，有综合型的城镇、工业型的城镇、旅游型的城镇和集贸型的城镇；从等级规模上看，有中心城市、中心镇和一般乡镇，城镇的规模分为 6 个等级：40 万人口以上、1～10 万人、0.5～1 万人、0.2～0.5 万人、0.1～0.2 万人和 0.1 万人以下。

按照现行的规划编制办法，城镇体系规划编制分为纲要阶段和成果阶段，不同阶段的规划编制内容及要求有所不同，纲要阶段主要解决战略性、方向性和标准性问题，成果阶段主要根据纲要阶段确定的要求进行深化和完善。

（1）纲要阶段的城镇体系规划

就城镇体系规划而言，纲要阶段的主要内容包括几个方面。

其一，是市域城乡统筹发展的战略，这项内容可以说是应时代要求而提出的重要战略性要求，是落实科学发展观，推进五个统筹发展的重要组成部分。尽管不同地区的城乡统筹发展的具体措施可能有所不同，但从总体的原则角度，最为重要的是在快速城镇化进程中，切实改善城乡间差异拉大的问题，具体而言就是统筹倾斜性的政策、项目、设施和资金等资源安排，从多个方面积极改善乡村地区的发展条件。同时，统筹发展的另外方面内容，就是切实安排好对乡村地区资源、环境、自然风貌和历史人文资源等的保护，避免造成新的危害。这其中空间分区管制成为重要的手段。

其二，主要是从发展的角度对于各要素进行统筹安排，包括人口的增长、城镇化水平预测，以及在此基础上对于市域范围各城镇人口规模、职能、等级、空间布局等做出统筹发展安排。在此基础上，还需要在市域层面，对于直接关系到市域整体空间格局的重要交通设施和重大基础设施等，做出原则性的规划安排，并且对于与周边地区的区域发展统筹做出原则性要求。

（2）成果阶段的城镇体系规划

在成果阶段，城镇体系规划相比纲要阶段，主要体现在对成果内容进行扩展和具体化。因此，纲要阶段的内容全部保留，但在体系性的资源和发展要素等

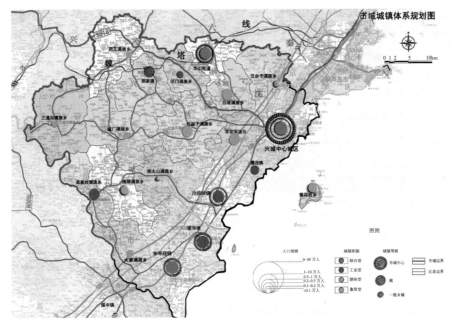

图 1-2-1　兴城市城镇体系规划图

方面，进行更为细致的安排，涉及生态环境、土地、水资源、能源、自然和人文的资源等若干方面，并在此基础上进一步优化空间管制的要求，并对有关措施进行具体化研究和明确。同时，从有关发展的要求而言，通常也提出更为具体的要求，可以为各镇总体规划的编制，从发展规模、发展职能、发展方向乃至建设用地控制范围等做出具体约定，特别是对重点镇，更需要加强引导并适当给予更多发展资源，以便引导市域范围的发展平衡关系，引导城镇的有序发展。

此外，作为直接对开发建设的行为实施规划管理的重要依据，同时也是引导和控制城市发展的方向和范围的规划区，也需要在城镇体系规划层面予以确定，从而对中心城区的具体规划及其周边协调问题，提出直接的控制引导。

1.2.3　中心城区规划的编制内容

中心城区是城市发展的核心地区，包括城市规划建设用地和近郊地区。中心城区规划是总体规划的一个重要层次。需要指出的是，中心城区不同于规划区，也不同于规划建设用地范围。规划区和规划建设用地的范围，是有明确法律授权的。《城乡规划法》规定，规划区内的建设项目，由城乡规划主管部门负责管理，在建设之前，要依据法定规划发放规划许可。《城乡规划法》也规定，所有的建设项目只能在城市规划建设用地范围内落地，不能选址在规划的非建设用地上。比较而言，中心城区在《城乡规划法》中缺失这样的明确授权。

既然缺失明确的法律授权，中心城区的规划意义何在？可以这样理解，城市的规划建设用地和周边紧邻的近郊地区，存在基础设施和公共服务设施共享的天然需求。《城乡规划法》颁布之后，强调城乡统筹，除在市域范围内进行城乡统筹之外，紧邻城市规划建设用地的近郊空间地域的发展同样是城乡统筹的重要内容。

《城市规划编制办法》中规定了中心城区的 18 项主要内容。

（1）分析确定城市性质、职能和发展目标。

（2）预测城市人口规模。

（3）划定禁建区、限建区、适建区、已建区，并制定空间管制措施。划定中心城区的范围之后，需要统筹协调城市规划建设用地和周边的非建设用地以及外围村镇的建设用地之间的空间关系，也需要合理安排它们之间的基础设施和服务设施的共建和共享。

（4）确定村镇发展和控制的原则和措施，确定鼓励发展、限制发展和不再保留的村庄，提出村镇建设的控制标准。

（5）合理安排建设用地、农业用地、生态用地和其他用地。

（6）研究中心城区空间增长边界，确定建设用地规模，划定建设用地范围。中心城区空间增长边界是非常重要的规划内容，在最新出台的《国家新型城镇化规划（2014—2020 年）》中提到的一个概念是"城市开发边界"。"城市开发边界"可以简单理解为城市建设用地扩展的终极范围。也就是说，未来我们的城镇化水平达到一个很高的水平，70% 以上，尽管城市经济实力还在增强，城市 GDP 还在增长，但城市建设用地不再继续扩展，承载经济增长的空间主要依靠的是城市既有建设用地的更新和挖潜。此外，城市周边的生态空间需要提前的预留，不能因城市建设用地的扩张侵占了周边的生态空间。

（7）确定建设用地的空间布局，提出土地使用强度、管制区划和相应的控制目标，包括建设密度、建设高度、容积率、人口容量等。

（8）确定市级和区级中心的位置和规模，提出主要的公共设施的布局。

（9）公共交通发展战略。

（10）市绿地系统的发展目标和总体布局。

（11）历史文化保护以及地区传统设施特色的保护。

（12）研究住房需求，确定住房政策和建设标准。

（13）涉及其他的一些工业设施，包括电线、供水、排水、供电、燃气、供热、环卫的目标和总体布局。

（14）确定生态环境保护的目标，提出污染控制和治理的措施。

（15）确定综合防灾和公共安全的保障体系。

（16）划定旧区范围。在新型城镇化的背景下，城市的增长除了要有一些外延扩展的增量空间，很重要的一部分就是已建城区这部分存量空间，今后怎么改善？如何提高？其中还包括了一些各项设施条件不是很好的建成区，如棚户区和危棚简屋地区。

（17）提出地下空间开发利用的原则和建设方针。这一点在经济条件比较发达的特大城市表现得更加突出一些，随着地铁系统的开通，城市地下空间内涵更加丰富，不仅仅是原有的人防空间，地下停车场，还有地下的商业空间和公共活动空间，城市总体规划都需要给出原则性的建设指导意见。

（18）确定空间发展的时序。

一个重要内容是确定"城市性质"。需要区分如下几个概念：城市职能、城市发展目标和城市特色。城市职能是城市在一定的地域内，经济社会发展中发挥

的作用和承担的分工；城市发展目标是在城市发展战略所拟定的一定时期内城市经济社会环境发展所应达到的目标；城市特色是城市的社会人文等方面独有的或者特别突出的特征。可以这样理解城市性质，它是城市在一定的地域范围内（省域部分地区、省域、跨省域、国家甚至全球）所处的地位和所担负的主要职能。因此，城市性质本质上要表述的是城市职能，但在实际的规划编制操作层面，往往会融入对城市特色的高度概括，以及对城市发展目标的核心诉求。

另一个重要内容是明确中心城区的用地布局。《城市用地分类和规划建设用地标准》GB 50137—2011 将城市建设用地分成八大类：居住用地、公共管理和公共服务用地、商业服务设施用地、工业用地、物流仓储用地、道路和交通设施用地、公用设施用地、绿地和广场用地。这八大类用地在中心城区的用地规划布局中要进行合理的安排，其中涉及一些公用设施，一些公共管理和公共服务设施，还会细分到用地中类，个别的设施甚至要细分到用地小类。城市规划建设用地外围的近郊空间各类用地也需一并安排，包括农用地、生态用地和村镇建设用地等。

■ 本章主要参考文献

[1] 部门规章：《城市规划编制办法》（2006.4.1 施行）

[2] 部门规章：《城市总体规划实施评估办法（试行）》（建规〔2009〕59 号）

[3] 部门规章：《城市总体规划修改工作规则》（国办发〔2010〕20 号）

[4] 部门规章：《关于规范国务院审批城市总体规划上报成果的规定》（建规〔2013〕127 号）

[5] 陈秉钊. 变革年代多变的城市总体规划剖析和对策[J]. 城市规划，2002，26（2）：49-51.

[6] 柳意云，闫小培. 转型时期城市总体规划的思考[J]. 城市规划，2005，28（11）：35-41.

[7] 王凯，徐颖.《城市用地分类与规划建设用地标准（GB 50137-2011）》问题解答（一）[J]. 城市规划，2012（4）：69-70.

[8] 王凯，徐颖.《城市用地分类与规划建设用地标准（GB 50137-2011）》问题解答（二）[J]. 城市规划，2012（5）：79-83.

[9] 王凯，徐颖.《城市用地分类与规划建设用地标准（GB 50137-2011）》问题解答（三）[J]. 城市规划，2012（6）：66-66.

[10] 吴志强，李德华. 城市规划原理[M]. 4 版. 北京：中国建筑工业出版社，2010.

[11] 叶斌，程茂吉，张媛明. 城市总体规划城市建设用地适宜性评定探讨[J]. 城市规划，2011（4）：41-48.

[12] 于亚滨. 新时期城市总体规划修编重点的探讨[J]. 城市规划，2006，29（8）：75-77.

[13] 詹敏，邵波，蒋立忠. 当前城市总体规划趋势与探索[J]. 城市规划汇刊，2004（1）：14-17.

[14] 邹德慈. 城市规划导论[M]. 北京：中国建筑工业出版社，2002.

2 城市总体规划的空间层次

2.1 城乡一体化发展

　　城市总体规划包括市域和中心城区两个不同的空间层次，这与我国城市行政区划的类型特征有着密切的关系。我国城市行政区划的特征是广域性，即城市的行政区域要远大于城市连续建成区的范围，城市地域在市行政地域中所占比重较小，成为以农业地域占优势的城市。其他国家的城市行政区划特征有统一型和狭域型。其中统一型是指城市的行政地域与城市连续建成区范围相差甚微，或者城市行政地域略大于城市连续建成区范围，差异部分或作为城郊农业用地，或作为城市发展备用地。如日本和澳大利亚的城市。狭域型是指同一连续建成区可由几个，甚至几十个大小城市分而治之，一个城市连续建成区实际上可由一组大小不等、但在法律地位上彼此独立的城市群组成。如美国、加拿大的城市行政区划均属于这种类型。

　　由于我国长期以来城市和乡村采取两种完全不同的资源配置模式，并以户籍制度作为壁垒，使得城市和乡村的经济社会发展和城乡人口的社会保障存在明显的差异。因此，我国提出了城乡一体化的发展要求，这是针对长期以来我国特定的工业化和城镇化进程中城乡关系的失调，希望通过制度创新和一系列

的政策，理顺城乡融通的渠道，填补发展中的薄弱环节，其直接目的就是实现城乡经济社会的一体化发展。

城乡一体化发展包括了经济和社会两大方面，从区域角度看，指城市和乡村的发展；从产业角度看，指工业和农业的发展；从群体角度看，指市民和农民的利益关系。因此，综合来看，城乡一体化应该是农村和城市相结合而形成的一种新的城乡融合主体。城市总体规划提出城乡一体化发展的要求，其目的就是要通过规划来加大各种要素向农村转移覆盖，帮助农村更快地发展。对农村地区而言，统筹城乡发展包括两个相互关联的内容，一是城市与乡村之间无障碍的经济社会联系，二是农村地区自身的发展。

近年来国家提出城乡发展一体化包括了以下主要内容：一是要完善城乡发展一体化的体制机制，推进城乡统一要素市场建设，推进城乡规划、基础设施和公共服务的一体化。二是要加快农业现代化的进程，保障国家粮食安全和重要农产品的有效供给，提升现代农业发展水平，完善农产品的流通体系。三是要建设社会主义的新农村，提升乡镇和村庄管理水平，加强农村基础设施和服务网络建设，加快农村的社会事业发展。

我国在2005年颁布的《城市规划编制办法》中，明确了城市总体规划中的市域城镇体系规划应该"提出市域城乡统筹的发展战略"。在中心城区的规划中要"确定中心城区里的村镇发展与控制的原则和措施；确定需要发展、限制发展和不再保留的村庄，提出村镇建设控制标准。"以下是在城市总体规划中需要重点开展的城乡一体化方面的工作。

2.1.1 在市域城镇体系规划中，首先要在市域层面做好村镇体系的规划

村镇体系是指城镇的行政区域内在经济、社会和空间发展上具有有机联系的聚集点群体网络，是镇村自身发展历史演变、经济基础和区域发展需求共同作用的结果，村镇体系规划是农村人居环境建设的重要依据。它要以县（市）域城镇体系规划、跨镇行政区域的村镇体系规划、区域生产力合理布局等为依据，确定镇域不同层次和人口规模等级及职能分工的镇村人居环境空间分布和发展规划。它的主要任务是从区域角度入手和立足于区域城镇化发展的目标，明确区域内的农村人口容量，提出区域内村庄发展的策略，并根据区域内的村庄发展策略完善各类社会服务设施和市政基础设施的配置。村镇体系规划具备了在城乡区域中的承上启下的作用，既将城镇总体规划、城镇体系规划的要求进一步落实，又对农村村庄的建设与治理进行总体指引，是村庄建设和治理规划编制的前提和依据（图2-1-1、图2-1-2）。

在我国农村普遍规模较小、分散布局的人居环境状况下，政府公共财政资源的投入必须在合理引导的基础上进行。同时，农村地区的人居环境建设必须纳入到区域城镇化发展的总体框架下，根据城镇化发展的策略推进农村村庄建设与环境治理。

2.1.2 城乡各类设施的配置规划

城镇的公共服务和市政公用设施配置应满足城镇居民及周边农村居民日

图 2-1-1　法库县域村镇体系现状图

图 2-1-2　法库县域村镇体系规划图

益提高的物质和文化生活的需求，并适应当地社会经济发展和城镇功能配套完善的需要。应从区域整体的角度予以考虑，并按照效益优先、市场一体化的规定，实现区域化服务和共建、共享。

以山东省广饶县的城乡社会服务设施规划为例，县域城乡公共服务设施服务的人口规模和范围可分为五个等级，相应的城乡公共服务设施的配置也要对应于这些等级。

第一等级是指中心城镇级的公共服务设施配置，它的服务范围是广饶县的全县域范围，服务人口达到 67 万人，规划要明确其规模和数量。第二等级是指重点镇级的公共服务设施，其服务范围是为县域内的片区服务，服务人口在 4~5 万人，规划要明确它的服务范围、服务人口、确定其地域中心，规定其各类公共服务设施的规模和数量。第三等级是指一般镇级的公共服务设施，服务人口为 2~3 万人，规划要明确它的服务范围、服务人口、确定其地域中心，规定其各类公共服务设施的规模和数量。第四等级是指中心村级的公共服务设施，其服务范围为中心村（包括该中心村下辖的各基层村），服务总人口在 6000 人以下。规划中只规定了该级别公共服务设施的配置要求和建设要求，在下一层次的乡规划、村庄规划中进一步明确。第五等级是指基层村，服务范围为各基层村，服务人口一般为 1000 人以下（图 2-1-3~图 2-1-7）。

图 2-1-3　广饶县教育设施规划图

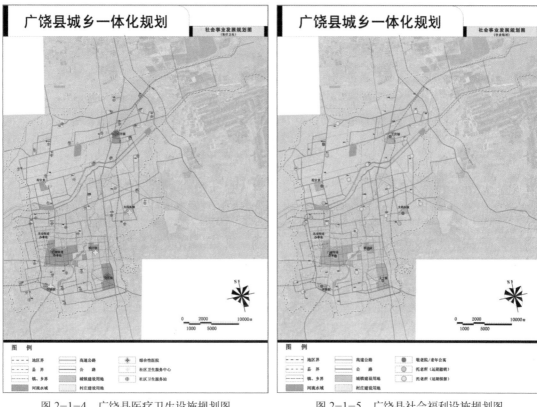

图 2-1-4 广饶县医疗卫生设施规划图　　　　　　图 2-1-5 广饶县社会福利设施规划图

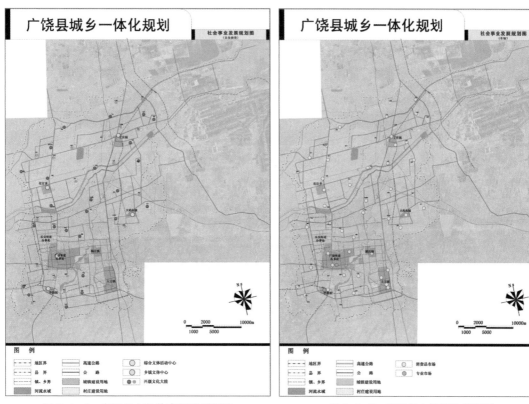

图 2-1-6 广饶县文化体育设施规划图　　　　　　图 2-1-7 广饶县市场设施规划图

2.1.3　助推城市中的农业转移人口市民化

城市总体规划还应进一步助推城市中的农业转移人口怎样更顺、更快地市民化，主要任务就是解决已经转移到城市和城镇中就业人口在城市和城镇中落户，努力提高农民工融入城镇的素质和能力。要发展各具特色的城市产业体系，强化城市间的专业化分工协作，增强中小城市产业承接的能力。同时，要推进农业转移人口享有城镇基本公共服务（包括教育、就业、社会保障、基本医疗卫生、住房保障等），并且在这过程中政府要承担公共成本。其中的工作包括推进符合条件的农业转移人口落户城镇，推进农业转移人口享有城镇基本公共服务，建立健全农业转移人口市民化的推进机制。

对于不同类型的城市，应该有差别化的落户政策。我国最近刚公布了新的城市规模分类标准，这些不同类别、规模的城市和城镇应该有差别化的不同的落户政策。

如我国已全面放开建制镇和小城市（50万人以下）的落户限制，要有序放开城区人口规模在50～100万人的中等城市的落户限制，合理放开城区人口规模在100～300万人的大城市的落户限制，合理确定城区人口规模在300～500万人的大城市的落户条件，并严格控制城区人口规模。

2.1.4　城乡土地与空间的协调发展

城市总体规划中要统筹城乡发展，必须协调好城乡土地和空间的发展。2013年底，中国共产党的十八届三中全会提出了关于土地改革的三项主要内容，这和城市发展和城市总体规划都有着密切的关系。第一，要建立城乡统一的建设用地市场。在符合规划和用途管制的前提下，允许农村集体经营性建设用地出让、租赁、入股，实现与国有土地同等入市、同权同价，缩小征地范围，规范征地程序，完善对被征地农民合理、规范、多元的保障机制。第二，在坚持和完善最严格的耕地保护制度的前提下，要赋予农民对承包地占有、使用、收益、流转及承包经营权抵押、担保权能。第三，要保障农民宅基地用益物权，慎重稳妥推进农民住房财产权抵押、担保、转让，探索农民增加财产性收入渠道。

2.1.5　城乡建设环境和特色塑造的一体化

城市总体规划中的城镇形象特征塑造上，应注重城镇建设的整体环境特色，将城镇与周边区域自然环境及人工环境有机结合在一起。城镇建设环境特色的要素应包括城镇所在区域的自然地理环境如河流水系、地形地貌等、城镇周边区域的景观环境、绿化景观环境和城镇建设的整体空间布局等，这些要素应构成城镇建设环境特色的全部。

因此，城市总体规划中要从整体上塑造城市的风貌特色，建构城市的外部景观环境——城市整体景观环境——建筑群体及空间环境——建筑视觉环境为一体的城市建设环境体系，追求城市整体风貌的协调。

2.2 城镇 (村镇) 体系规划

2.2.1 概述

体系意味着个体间存在着内在的关系。因此，当我们提出城镇体系或者村镇体系（以下除非专门说明，仅以城镇体系指代）这个概念的时候，就意味着从整个地域层面来看待这些城镇，承认它们间存在着内在的联系，并且需要从这个相互间关系的层面来认识和把握。

城镇体系规划，就是对特定地域范围内的上述城镇关系进行研究并做出必要的规划安排。作为法定规划，无论是单独编制还是纳入总体规划编制，城镇体系规划都有着明确的法定依据，并且对规划编制的主要内容及要求也有明确规定。但也要看到，不同的地方又有着各自地方性的特征和问题。因此，城镇体系规划的编制，既要符合有关法律法规和技术规定，又要特别注重从实际情况出发，做出针对性的安排。

2.2.2 城镇体系的主要内涵

对于某个地域城镇间关系的认知，直接影响着对城镇体系特征的认识和描述，进而影响着城镇体系规划的编制。无论是相关学科研究，还是从法定规划的有关内容要求来看，对于城镇间关系的认识，都涉及多个方面的内容。

自然气候和地理地貌特征，以及矿产和能源等方面的自然条件，对于地区城镇间关系有着最为基础性的影响。相似的自然条件，通常都会对一个地方的产业经济，乃至社会文化等诸多方面产生相似的影响，并且会进而影响到其他方面。

经济、社会、文化等诸多社会性要素，不仅表征着一个地方的城镇间关系，而且本身也直接影响着城镇间的关系及其演变动态。不同城镇间的上述要素间，不仅有着表象化的相似性或者差异性特征，更重要的是其背后的相互联系特征。对于后者的观察和分析，往往需要借助于一些要素的流动特征，譬如经济性的产品或者资金在不同城镇间的流动，以及人口在不同城镇间的流动，乃至在特定地域内的上述要素与地域外的关系特征等。

行政乃至更具宏观性的制度环境等要素，同样对于城镇间关系有着深刻的影响。譬如严格的行政等级关系下，城镇间关系常常呈现出一定的等级关系特征；而计划经济和市场经济，则更为深刻地影响着各类资源在不同城镇间的流动特征。

因此，从城乡规划的层面，通常在城镇体系层面将城镇间关系概括为几个方面的主要关系特征，职能、规模、等级和空间关系。作为重要的前提，上述关系的界定，通常是站在更高的区域发展层面譬如省域、市域、县域等，或者特定历史及区域自然条件与社会经济条件等所形成的传统经济区域如京津冀、长三角等，进行分析研究和归纳。其中，职能体系主要用于界定城镇在所在地域乃至区域中的分工作用，规模体系主要用于界定城镇人口等要素的规模及其在所在地域中的分类特征，等级体系则通常与一定的行政或政策赋予权限紧密相关，空间体系主要用于界定不同城镇在地理空间上的关系特征如点轴关系或

者扇面关系等。

正是由于特定地域内不同城镇间在上述要素层面的相互关系，才共同构筑了该地域有别于其他地域的独特性与完整性，并且共同构筑起了这一特定地域在更高区域中的整体地位与作用。而这些不同城镇间的特定关系所构筑的体系特征，以及由此对所在地区的发展作用，成为编制城镇体系规划的重要前提。

2.2.3 规划依据

作为法定规划，城镇体系规划的编制，必须依据有关法律、法规、规章，以及有关政策进行。并且，在不同地区开展上述工作，还应遵循地方上的有关规定。

从法定依据的层面，现行《城乡规划法》2008年颁布实施后，规定了五种类型的法定规划，其中就包括城镇体系规划，另外四类分别为城市规划、镇规划、乡规划和村庄规划。因根据2006年颁布的《城市规划编制办法》和《县域村镇体系规划编制暂行办法》，市的城镇体系规划纳入城市总体规划编制，县的村镇体系规划应与县级人民政府所在地总体规划一同编制，但也可以单独编制。但是实际上，按照城乡规划法的要求，城镇体系规划与城市总体规划已经是两大类型的法定规划，并非隶属性的规划工作。从层级而言，城镇体系规划应当作为所在地的城市总体规划或者镇总体规划的上位依据。

按照尚未更新的《城市规划编制办法》和《县域村镇体系规划编制暂行方法》，无论是城镇体系规划还是村镇体系规划，都与城市总体规划或者县城总体规划有着清晰的各自内容界定。因此，即使目前两者常常同步编制，也应分别适用各自有关依据编制，而不能随意混淆两类规划的任务要求和编制内容。特别是在县城总体规划编制的依据还不十分清晰的情况下，更应当注意明确区分县城总体规划与县域村镇体系规划的关系。县城总体规划是针对县级人民政府所在地镇的总体规划，而县域村镇体系规划则针对县域内村镇，这与市级的城市总体规划与城镇体系规划间的关系应是类似的。但目前实践中的情况较为复杂，需要具体情况具体分析，特别是县级市究竟是编制村镇体系规划还是城镇体系规划，在不同的地方有所不同，应主要根据地方性有关规范文件安排。

2.2.4 城镇体系规划的类型

城镇体系规划包括不同类型，大致可以分为两大类。一种与行政区划关系非常紧密，或者说就是根据行政区划及管理而设置的类型，另一种与行政区划管理的范围并非最紧密，而是主要依据经济联系和历史传统等因素确定的跨多个省、市，并且常常涵盖了特定省域的局部范围，但该类型的城镇体系规划的基层单位，通常仍然以完整的下级行政区划为基础。

（1）行政区划内部的城镇体系规划类型

依据行政区划编制城镇体系规划是法定要求，各级政府，从中央政府到省（自治州）、市、县乃至乡镇都有编制体系规划的客观需要，只是由于法定依据和各层级行政区划所面临的问题及发展要求而有所不同。全国层面和省域层面，分别编制全国城镇体系规划和省域城镇体系规划，这些城镇体系规划均为独立编制，并且全国大陆各省和自治州基本都已经编制了各自的城镇体系规划。同样作为省级单位，直辖市虽然也编制城镇体系规划，但目前仍都纳入城市总体规划层面，这也与直辖市更多地从市层面考虑规划引导问题有着直接关系。在市级单位，无论是省级或者副省级城市、地级城市，目前都在城市总体规划阶段纳入城镇体系规划，体系规划的基层单位也有着明确限定即建制镇，但在实际工作中通常也将乡纳入规划编制中，对其发展提出引导要求，甚至提出有关设置镇或者与邻近镇合并的有关建议。在县及以下基本的行政单位编制体系规划，村庄成为重要的规划对象，特别是县，《县域村镇体系规划编制暂行办法》的实施，改变了之前仅编制城镇体系规划的有关要求，通过在总体层面的体系规划中纳入村庄，对于城乡统筹发展提出了更为明确的要求。镇总体规划同样将关注对象落实到村庄层面，但实践中通常与县域村镇体系规划有所不同的是，镇总体规划宜将有关规划要求落实到村落层面，而非县域村镇体系规划通常仅对中心村等细化有关发展规划要求。县级市的规划编制要求正如之前已经指出的那样，尽管按照法律和法规，原则上应按市建制纳入城市规划类型，但现实中很多地方仍要求县级市编制村镇体系规划，这也反映出县级单位在统筹城乡发展中的重要地位。

（2）跨行政区划的城镇体系规划

有别于依附于特定行政区划编制的城镇体系规划或者村镇体系规划，国内各地还经常性地编制一些跨省或者同省多个市共同编制的体系规划。编制这些规划，通常是因为这些地方在经济、社会或者生态环境保护等方面存在着密切的关系，并且很多地方有着较为悠久的历史脉络，譬如长江三角洲、京津冀等跨多个省份的部分市所形成的特定经济区域，以及更为多见的涉及广东省多个市的珠江三角洲城镇体系规划、山东半岛的有关城镇体系规划等。这些区域性的城镇体系规划，通常因为内在的紧密关系，以及发展战略性引导的需要而编制。

值得注意的是，后种类型的城镇体系规划，近年来常常因为这些区域密切的经济、社会和城乡建设联系等原因，在实际编制中有所创新发展甚至形成新型规划，譬如最为常见的城市群规划、区域规划等，这些创新类型通常有着紧迫的现实需要，并且因此在规划编制的组织方式，以及规划编制的内容乃至目的等，都有所不同，应加以专门研究并根据实际需要开展有关工作。

2.2.5 城镇体系规划的主要内容

城镇体系规划的编制包括如下几个方面的内容。

（1）提出市域城乡统筹的发展战略。特别是与相邻的行政区域，在空间布局方面要提出一些空间发展协调上的建议。图2-2-1是兴城市城市总体规划所做的"兴葫都市核心区空间协调规划示意图"，兴城市与上位城市（葫芦岛市）空间上非常接近，总体规划提出了两者空间发展协调的建议，包括两个城市之间道路网的衔接、公共交通的一体化以及基础设施的共享（如共用一个垃圾处理厂）。

（2）确定生态环境、土地、水资源、能源、自然和历史文化遗产等方面的

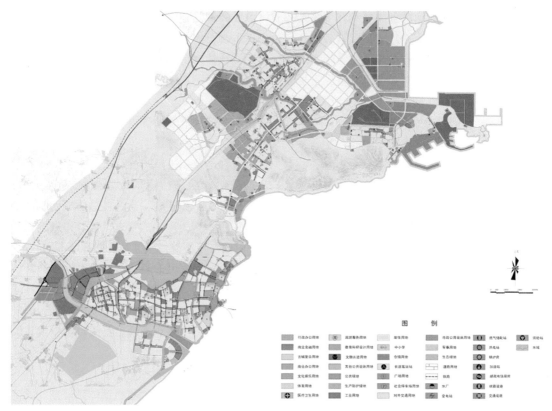

图 2-2-1　兴葫都市核心区空间协调规划示意图

保护和利用的综合目标和要求，提出空间管制的原则和措施。

(3) 预测城镇总人口和城镇化水平。确定各城镇人口规模，职能分工，空间布局和建设标准。

(4) 提出重点城镇的发展定位、用地规模和建设用地的控制范围。

(5) 确定市域交通的发展策略，原则确定市域交通通信、能源、供水、排水、防洪、垃圾处理等重大基础设施，重要社会服务设施，危险品生产、存储设施的布局。

(6) 根据城市建设发展和资源管理的需要，划定城市规划区。城市规划区的范围，应当位于城市行政辖区范围内。从兴城市城市总体规划的规划区图上可以看到，北面和南面的边界基本上是行政的边界，东面的边界是海岸线，西边界是依托高速铁路线划定的（图 2-2-2）。

县域村镇体系规划的要点

县域村镇体系规划，根据编制办法，包括六个方面的重点和十项成果内容，主要包括以下方面：

其一，统筹发展战略。该部分工作需要在综合评价县域发展状况和发展条件，包括区位、经济发展基础及前景，社会和科技发展状况及前景，以及各项自然资源和生态环境等诸多方面的基础上，做出相应安排。

其二，县域产业发展与布局。目前，全国乡村地区已经连续多年呈现出非农产出占据主导地位的状况。因此，县域产业经济分析，不仅仅是对第一产业，

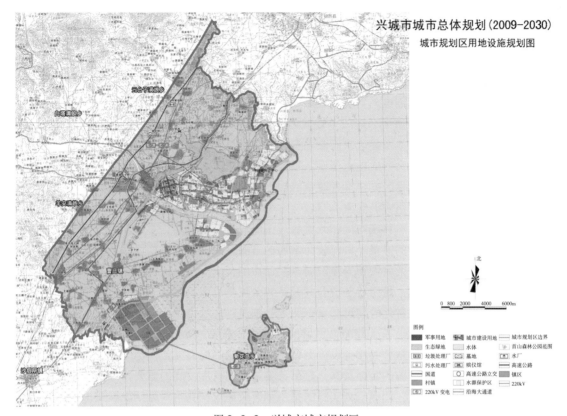

图 2-2-2　兴城市城市规划区

也包括对二三产业的分析。"无农不稳，无工不富"，这是对中国乡村经济特征的高度概括。因此，对于县域产业发展和布局的研究，应当从现有基础和发展条件等诸多方面进行深入分析，并据此首先从三次产业发展的角度做出整体性的发展安排，并在此基础上做出经济区划等布局发展要求。

其三，在预测县域人口规模的基础上，确定规划引导的目标，以及有关城镇化的战略要求，并据此提出人口空间迁移的引导目标和策略。从目前实际情况来看，由于大量涌向经济发展地区的流动人口原因，国内大多县乡存在着人口外流的现象。但是国家从宪法层面，对农村人口的宅基地等权利予以保护，而乡村地区也是流动人口生存底线的重要保障。因此，县域人口规模的预测，不能轻易将外流人口排斥在外，必须谨慎考虑虽然外流但户籍仍在本地人口及其对各项设施的潜在需求影响。

其四，县域空间管制分区和管制策略。在全县域层面施以整体性的空间管制，是落实统筹发展的重要手段，为此，必须统筹考虑资源环境承载能力，自然和历史文化保护、防灾减灾等方面要求，以及人口发展和经济布局，以及合理利用土地和保护耕地等若干方面的诉求，对于县域空间进行统筹安排，重点划定禁止建设区、合理安排适宜集中建设的地区，并在此基础上重点加强生态和资源保护等方面的空间措施，明确限建区的具体措施要求。

其五，确定县域村镇体系布局和引导发展的措施。该项工作是县域村镇体系规划的重要核心内容，具体而言，就是要在现状基础上，基于整体发展，以

及生态环境保护，产业经济发展和人口迁移等诸多方面因素的解析，明确县域内村镇的等级、规模、职能等结构，并确定建设标准，引导县域居民点的有序发展。通常而言，县域内可以根据实际发展的需要，安排中心镇或中心村。

其六，重点发展地区和重点镇。主要包括县级人民政府驻地镇区，以及已经或者计划纳入到各级重点镇范畴的城镇。目前已经从中央多部委层面到地方各级政府层面，形成了较成体系的重点镇序列，并且与相关的政策指标衔接。重点镇，以及县级政府驻地镇，通常都是县域内重点建设发展的地区。甚至在空间上还会形成重点建设城镇连绵的现象，对此就可以根据需要采取划定城镇密集建设地区并统筹各城镇的规划和建设，避免仅仅在体系上安排导致各建设系统间的不协调现象。

其七，村庄布局和分类管理措施安排。通常对于不同发展的村庄可以采取分类引导的方式。目前较为常用的方式分为传统或者特色保护、重点建设发展、因为生态或者城镇等建设而需要迁撤的，以及予以保留的等不同类型。对村庄进行分类，是引导各项公共设施和公用基础设施配置的重要前提依据，基于分类提出差异化的建设标准等要求，则是落实分类引导的重要措施。

其八，基于战略性引导的差异化，在有效推进城乡一体化发展的基础上，合理引导从公共服务设施到公用基础设施的配置方法、标准，并且积极推进公共服务设施的共建共享，是引导县域空间有序发展的重要基础。

其九，明确规划实施的措施和有关建议，并且对近期发展提出明确的分阶段实施措施和相应规划安排。

2.2.6 城镇体系规划案例——宣威市城镇体系规划案例简介

（1）现状概况

宣威市位于曲靖地级市范围内，地处云南省东北方位，市域范围 6000 余 km²，下辖 4 街道 14 镇 8 乡。2012 年末，市域户籍人口为 150 万，常住人口为 132 万，城镇化率 41%，但非农人口比重不足 14%。

市域人口分布总体上呈现出中心城区较为集聚，外部地区东多西少的特征。中心城区户籍人口为 17 万人，常住人口 30 万人。外围城镇除中心城区周边几个较具规模的可以达到 3～6 万人左右，其他均在万人及以下。

现状城镇大多以矿产和农业为主要特色，仅有少量城镇工业经济较为发达，少量城镇具有一定旅游服务能力。

（2）整体思路

综合考虑了宣威市的发展基础和趋势特征，以及云南省桥头堡战略及其对滇中、滇东北等地的战略性要求，规划确定了聚焦核心区域、优化市域产业和城镇空间布局的整体思路。

（3）城镇体系规划

在城镇体系方面，从空间结构、等级结构、职能结构、规模结构四个方面提出了规划要求。空间结构方面，提出"一主四片区"，即由中心城区和外围街道、城镇共同组成的城镇发展核心区，共同承担起中心服务和产业促进的城市发展职能，外围则分别形成东部、南部、西部和北部四大有所分工的发展片区；在等级结构方面，除了将核心区纳入主城区范围，外围布局10个重点镇，共同带动周边一般镇和乡，同时也为今后优化城镇行政管辖预留空间；在规模结构方面，主城区范围，中心城区人口规模达到60万人，外围城镇达到20万人左右，形成明显的核心区集聚效应；其他市域城镇和乡驻地以保持适度规模为宜，仅对具有产业依托和现状基础的城镇适度提升人口规模，由此形成三级人口规模结构，一级4～6万人，二级1～3万人，三级小于1万人；职能结构方面则主要安排了综合型、工业型、矿产型、农矿型、农贸型、旅游型等6种主导职能类型，一般城镇以农贸型为主。在上述基础上，规划还从建设用地控制的角度，将全市域城镇划分了3类，并对核心区和重点镇提出了进一步的发展方向和规模等方面的控制要求。

（4）城镇产业布局规划

在市域产业布局方面，规划提出了"中心城区产业服务化、城乡产业特色多元化"的基本思路，和传统产业升级与战略性新兴产业并重，二产、三产双轮驱动、城乡产业统筹发展的战略部署，并进一步提出了"一带、三片区"市域产业布局和"一核、两区、五基地"的园区布局战略。

（5）旅游规划

考虑到云南省的优质而丰富的旅游资源分布，以及宣威市的现状基础条件，规划对市域旅游发展进行了专门部署，确定了"产业体系完整、旅游功能齐全、集人文旅游与自然旅游于一体的滇中特色旅游区、云南省美食文化休闲地和滇黔省际区域性旅游服务中心"的规划目标，以及"四轴、三线、一心、五区、多节点"的整体旅游空间布局，并对重点旅游区域提出了进一步的规划要求，对旅游接待设施也做出了相应安排。

（6）遗产和资源保护规划

规划从水资源、矿产资源、土地资源、森林资源等层面提出了具体要求和生态环境保护目标，并安排了强制性规划要求。在市域空间范围内则划分了4类空间，从生态保护和建设控制等角度，分别提出了规划要求。

除了对文物提出明确的保护性要求，对于规划编制过程中形成的或酝酿中的历史文化遗产等，也提出了原则性的规划要求。

（7）市域综合交通规划

规划重点从加强区域联系以支撑城市发展定位提升，以及重点加强市域内交通连接的角度，提出了市域综合交通体系规划的要求，包括对铁路线路连接和改造调整的建议、全面提升市域内外高等级公路连接的计划，对规划中的通用机场进行统一的选址安排。

（8）市域公共服务设施规划

规划重点从加强城乡统筹的角度，对于全市域内从教育、卫生、文化、体育，直至社会福利各个方面的设施和目标提出具体要求，并且为适应农村地区的发展需要而专门补充了对乡村公共设施发展的有关建议。

市政工程方面，主要在给水、排水和电力、邮政、电信、燃气等诸多方面提出了相应的技术标准和规划部署。为适应新的发展要求，规划还重点加强了在防灾工程和生态环境保护等方面的核查（图2-2-3～图2-2-14）。

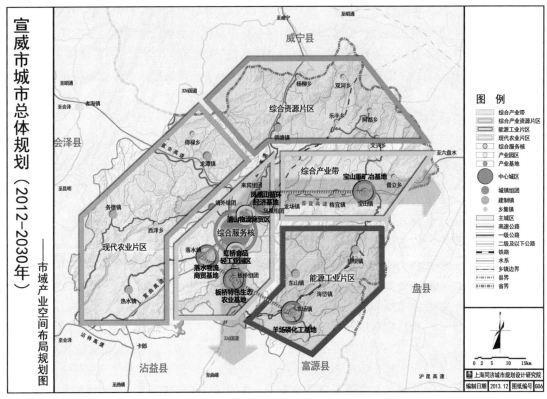

图 2-2-3　市域产业空间布局结构图

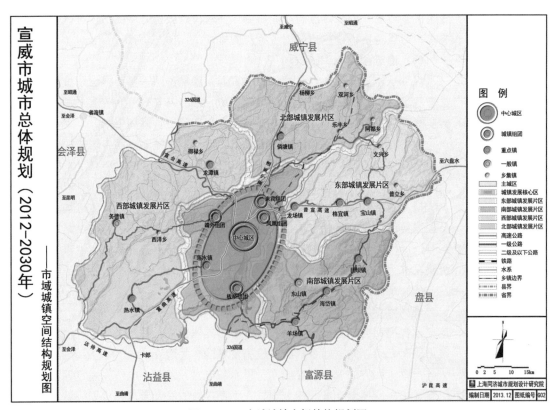

图 2-2-4　市域城镇空间结构规划图

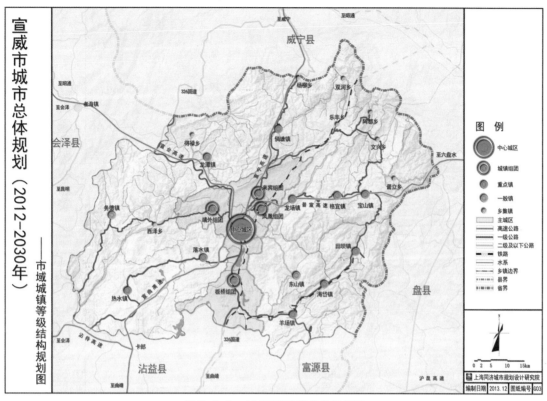

图 2-2-5　市域城镇等级结构规划图

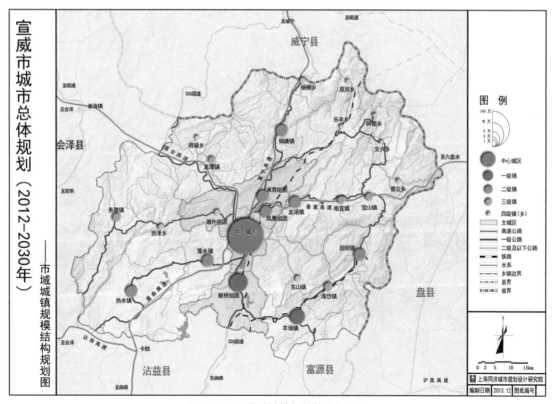

图 2-2-6　市域城镇规模结构规划图

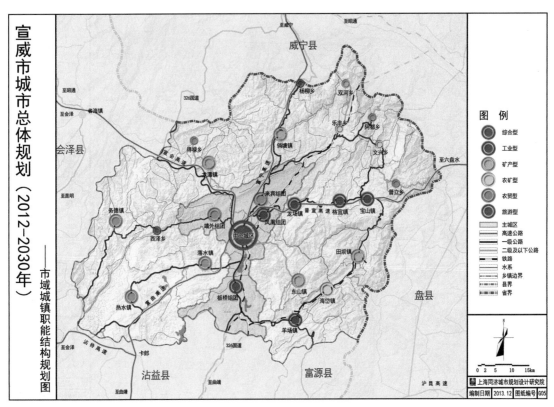

图 2-2-7　市域城镇职能结构规划图

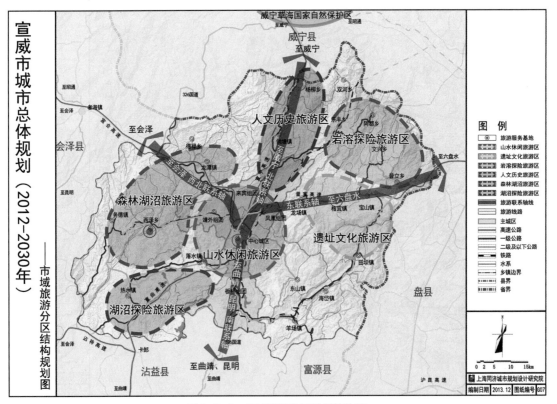

图 2-2-8　市域旅游分区规划结构图

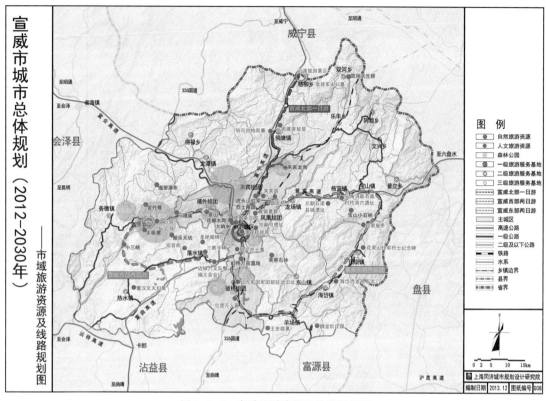

图 2-2-9　市域旅游资源及线路规划图

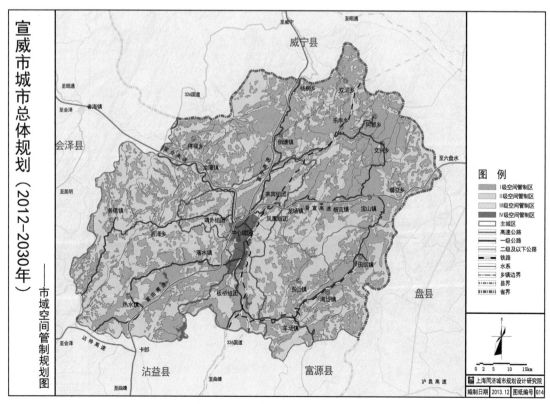

图 2-2-10　市域空间管制规划图

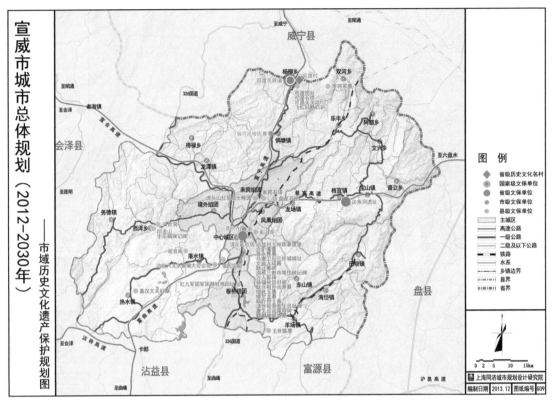

图 2-2-11   市域历史文化遗产保护规划图

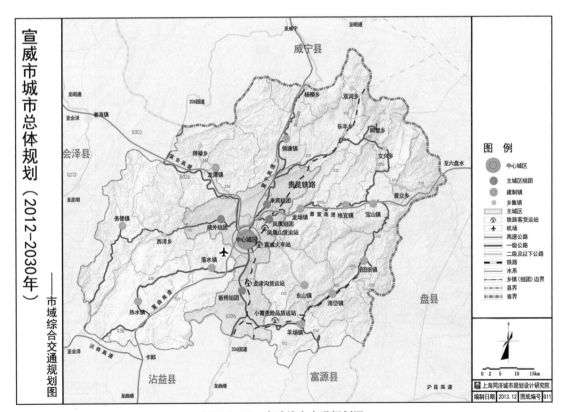

图 2-2-12   市域综合交通规划图

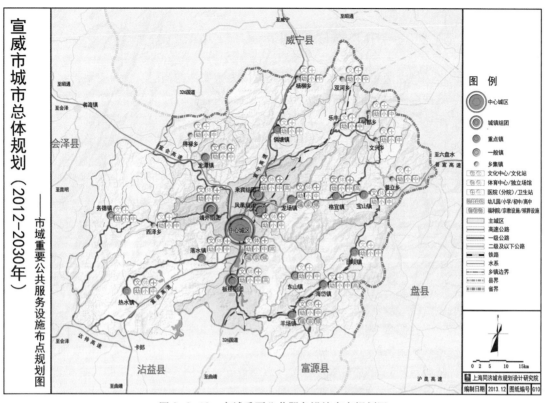

图 2-2-13　市域重要公共服务设施布点规划图

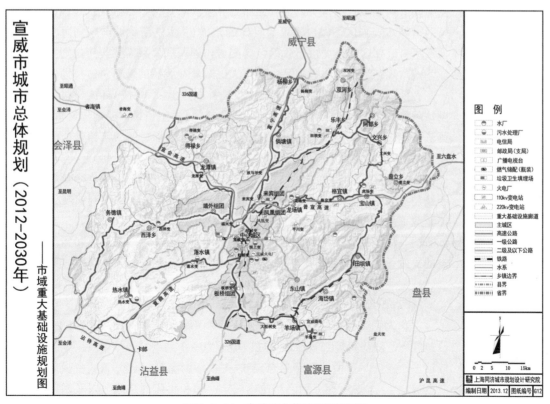

图 2-2-14　市域重大基础设施规划图

2.3 规划区与中心城区规划

规划区和中心城区是城市总体规划重要的空间层次，而空间管制规划则是这些层次上规划编制的关键内容。相关内容在以往的教科书中尚缺少系统性的阐述，随着规划实践对这方面问题认识理解的深化，相关的法规和规范也处于不断完善的过程中。由于各地城市具体情况的差异，以及规划管理基础条件和技术力量的不同，具体规划编制在内容方法上存在一定的差异。因此这一部分内容的学习，要特别注意对相关法规文件的阅读并了解相关条文的修订过程。这方面问题目前也是学术界讨论和争议的热点问题，有不少学术文章可供课外进行拓展阅读。而结合实际总体规划案例，了解规划实践过程中的具体做法及其依据，对掌握本章节的知识要点也很有帮助。

2.3.1 规划区的基本概念

(1) 规划区的概念演进

我国最早提出"规划区"概念的法规文件是 1984 年由国务院颁布的《城市规划条例》。该条例的第三条指出："任何组织和个人，在城市规划区内进行与城市规划管理有关的活动，必须遵守本条例，并服从城市规划和管理"。第二十九条对"城市规划区"做出如下定义："是指城市建成区和城市发展需要实施规划控制的区域"。1989 年 12 月，首部《中华人民共和国城市规划法》由全国人民代表大会常务委员会颁布，并于次年 4 月 1 日正式生效。该法第三条对"城市规划区"做出了更为具体的定义："本法所称城市规划区，是指城市市区、近郊区以及城市行政区域内因城市建设和发展需要实行规划控制的区域。城市规划区的具体范围，由城市人民政府在编制的城市总体规划中划定。"

在此基础上，国家层面的部门规章又补充提出了"村庄、集镇规划区"和"建制镇规划区"的概念。国务院于 1993 年颁布的《村庄和集镇规划建设管理条例》第三条提出："本条例所称村庄、集镇规划区，是指村庄、集镇建成区和因村庄、集镇建设及发展需要实行规划控制的区域。村庄、集镇规划区的具体范围，在村庄、集镇总体规划中划定。" 1995 年我国城乡建设部第 44 号令颁布了《建制镇规划建设管理办法》，其中第三条提出："本办法所称建制镇规划区，是指镇政府驻地的建成区和因建设及发展需要实行规划控制的区域。建制镇规划区的具体范围，在建制镇总体规划中划定。" 至此，国家法律和行政规章确定的规划区概念覆盖了城市、建制镇、村庄和集镇多个空间层面，并通过规划区划定明确了城乡规划管理权的实施范围。

2007 年 10 月 28 日第十届全国人民代表大会常务委员会第三十次会议通过《中华人民共和国城乡规划法》(下简称《城乡规划法》)，于 2008 年 1 月 1 日起施行。新法将规划管理从以往以城市为主扩展到城乡和谐共同发展，并将以往多个空间尺度的规划区整合成统一的"规划区"概念。《城乡规划法》第二条提出："本法所称规划区，是指城市、镇和村庄的建成区以及因城乡建设和发展需要，必须实行规划控制的区域。规划区的具体范围由有关人民政府在组织编制的城市总体规划、镇总体规划、乡规划和村庄规划中，根据城乡经济社会发展水平和统筹城乡发展的需要划定。"

（2）规划区划定的作用和意义

规划区划定的作用和意义主要有四个方面。首先，规划区划定体现了《城乡规划法》"先规划，后建设"的基本原则。《城乡规划法》第三条明确提出"城市和镇应当依照本法制定城市规划和镇规划。城市、镇规划区内的建设活动应当符合规划要求。县级以上地方人民政府根据本地农村经济社会发展水平，按照因地制宜、切实可行的原则，确定应当制定乡规划、村庄规划的区域。在确定区域内的乡、村庄，应当依照本法制定规划，规划区内的乡、村庄建设应当符合规划要求。县级以上地方人民政府鼓励、指导前款规定以外的区域的乡、村庄制定和实施乡规划、村庄规划。"其次，规划区划定明确了地方城市规划主管部门"依法行政"的地域范围。规划区是规划管理部门重要的管理地域，在规划区范围内，地方规划主管部门将依据相关规划和行政规章，颁发选址意见书、建设用地许可证、建设工程许可证和乡村规划建设许可证；或在规划区提出规划设计条件、许可临时建筑、审批地下空间、完成竣工验收。再者，通过规划编制划定城市规划区较好地解决了城市发展的空间边界与行政边界不匹配的问题。地域行政区划往往是历史延续形成的，对应的是地方政府行政管辖的空间范围，与当地居民的权利归属具有直接关系，这一边界是相对稳定的。而城市发展的空间边界受城市发展的自身条件和规律决定，并受外部环境的空间资源条件和内部的城市发展动力机制的共同影响，这一边界是动态变化的，在一些情况下甚至有可能出现跨行政边界发展的现象。通过划定规划区并明确在这一空间范围内的所有建设活动都必须遵守《城乡规划法》的相关规定，较好地解决了城乡规划管理的空间边界问题。此外，规划区的划定还有助于解决城市发展预留空间的控制管理问题。只是针对现有的城市化建成区进行规划管理是不够的，城市处于一个不断发展的过程中，如果仅仅是对既有的建设用地进行管理而没有对外围的一些用地进行适当的控制和预留，城市未来发展的空间拓展就会受到制约。通过划定规划区，城乡规划管理可以在一个大于现有建设用地的空间范围上实施，既可以为城市的未来发展预留用地空间，也有助于对城市的空间拓展方向进行引导。

2.3.2 规划区和中心城区的空间层次关系

2006 年 4 月 1 日由建设部颁布施行的《城市规划编制办法》第三十条明确提出了规划区划定的基本原则："城市规划区的范围应当位于城市的行政管辖范围内"。由此基本原则可见，不宜将相邻的同等级的不同行政区域划入同一个规划区；一般不建议将整个市（县）域范围（除直辖市、特区城市等特殊情况外）划定为规划区。以最具代表性的县城（或县级市）为例，通常情况下县城（或县级市）的城市规划区的边界介于中心城区和县域范围之间（图2-3-1a）。由此形成了总体规划中具有重要意义的三个空间层次，从小到大依次为该县城或县级市的中心城区、该县城或县级市的规划区、该县城的县域范围（或县级市的行政区划）。此外，总体规划在与上位规划衔接时，还需要考

虑该县城（或县级市）所属地级市的市域空间层次。

中心城区是总体规划中一个非常重要的概念。它是市域城镇体系当中，首位度最高、最集中的城市化地区，通常也是县级市政府、县政府所在地。中心城区范围内尽管有可能包含一部分非城市建设用地，但城市建设用地的比重占有绝对优势。中心城区范围内城市建设用地规模和人口规模有一个匹配关系，要符合国家有关人均城市建设用地标准的规定，这一匹配关系也成为限定中心城区范围的主要依据。

在某些特殊情况下，如市（县）域范围内城镇化水平比较高，城市建设用地和非建设用地相互混杂，不易区分；或地方城市规划管理的能力和水平较高，比较精确地掌握了全市市域（全县县域）范围内的用地情况，城市总体规划也可以将整个市（县）域划定为规划区（图2-3-1b）。在这种情况下，城市总体规划编制的空间尺度就剩下中心城区和市（县）域（同时也是规划区）两个层次。

2.3.3 规划区划定

（1）总体规划和规划区划定

我国的城市规划体系包含了从城镇体系规划、城市总体规划到详细规划的多个层次，规划区应该在哪个规划层次上进行划定呢？对此，《城乡规划法》第二条做出了明确的规定："规划区的具体范围由有关人民政府在组织编制的城市总体规划、镇总体规划、乡规划和村庄规划中，根据城乡经济社会发展水平和统筹城乡发展的需要划定。"这就明确了规划区应在总体规划层次上进行划定。

在此基础上，《城乡规划法》进一步将规划区划定列为总体规划编制必不可少的强制性内容。其中第十七条规定："规划区范围、规划区内建设用地规模、

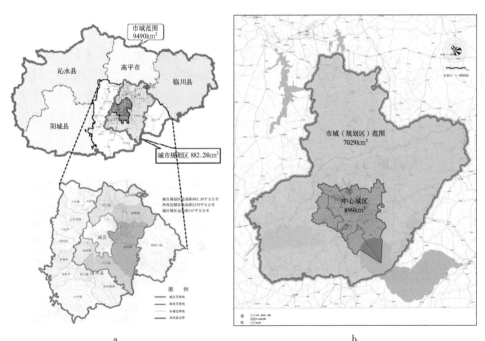

a.　　　　　　　　　　　　　　　b.

图2-3-1　规划区和中心城区的空间关系

a. 典型的连续的规划区；b. 市域范围划为规划区

基础设施和公共服务设施用地、水源地和水系、基本农田和绿化用地、环境保护、自然与历史文化遗产保护以及防灾减灾等内容，应当作为城市总体规划、镇总体规划的强制性内容。"第十八条规定："乡规划、村庄规划的内容应当包括：规划区范围，住宅、道路、供水、排水、供电、垃圾收集、畜禽养殖场所等农村生产、生活服务设施、公益事业等各项建设的用地布局、建设要求，以及对耕地等自然资源和历史文化遗产保护、防灾减灾等的具体安排。"

《城市规划编制办法》对规划区的划定也做出了相关规定和说明。根据《城市规划编制办法》，总体规划编制程序总体上分成"城市总体规划纲要"的编制和审查、"城市总体规划成果"的编制审查和报批两个阶段。在编制"城市总体规划纲要"的时候，就必须"提出城市规划区范围"。需要注意的是，在"城市总体规划纲要"编制阶段，规划区是作为一个独立的部分单独提出来的，不作为"市域城镇体系规划纲要"内容的组成部分。而到了总规成果编制的时候，划定规划区就成为"市域城镇体系规划"的组成内容了。

（2）连续的规划区和不连续的规划区

从空间形态上，规划区可以分成连续的规划区和不连续的规划区两类。在大多数情况下，规划区是连续的，不连续的规划区是一种特殊情况。由于受到城市周边地形地貌的限制，在城市空间拓展的过程中，有可能出现需要跳开既有建成区，在与既有建成区不相毗邻的区域建设新的城市组团或新的功能片区（如开发区、工业区等），换言之，就是中心城区不是单一的连绵的片区，而是形成组团式或一主一（几）辅的离散的组合形式。在此情况下，规划区划定要为每个片区的发展预留空间，通常就呈现出不连续的多个规划区并存的状况（图 2-3-2）。

图 2-3-2　不连续的规划区

(3) 规划区划定需要注意的问题

规划区是地方政府实施城乡规划行政管理的空间范围，它的边界划定如果能和现有的某一等级的行政区划相吻合，就可以方便后续管理的落实。但除了从管理方便的角度考虑外，规划区空间范围大小是划定过程首先需要仔细斟酌的问题。如果规划区划定过小，可能导致城市未来发展的余地不足或因缺乏腾挪的空间而可选择度降低，但规划区范围越大，对应的城乡规划管理所需要覆盖的区域也就越大，相应的规划编制以及依规划行使行政管理的任务也就越重，对地方政府的管理能力和水平是一个考验。因此，规划区划定范围的大小不仅要考虑现状规划基础资料和规划编制条件，还要兼顾地方城乡规划主管部门的行政管理能力和水平。

划定规划区的目的在于满足城市发展和建设的需要。中心城区周边的适宜建设的用地是城市发展建设重要的资源条件，因此，规划区的划定首先要仔细地根据用地条件、基础设施条件和城市空间演变机制等，研究分析城市的总体空间发展方向，有目的性地在适合城市拓展的方向相对多预留一点用地空间。但城市的空间拓展在支撑带动城市发展的同时，也是对土地资源的消耗和占用，因此规划区不能一味地从城市的发展需要考虑，更应当从资源保护以及环境约束的制约性因素角度来划定。

一般来讲，规划区划定应考虑以下四个方面的问题。首先，规划区划定要考虑土地资源的保护和集约利用。规划区划定应当尽可能避开基本农田保护区，为限制城市空间在主要农业种植区方向上的拓展，规划区的边界甚至可以考虑和既有的中心城区边界重叠，也就是不预留新的拓展空间。其次，规划区划定要特别注意城市周边地区的地理地质条件、城郊重要的风景名胜和生态保护用地、重大历史遗址遗迹保护范围、河流水系和水源保护地、地质灾害点范围等，这些地区可划入规划区，并在总体规划中明确提出限制或禁止建设的要求；也可不划入规划区，引导未来的城市发展建设避开这些区域。再者，规划区划定还要重视市域范围内重大基础设施廊道（如高压走廊、铁路、高速公路等）的空间阻隔作用，规划区划定宜以这些基础设施廊道为边界，谨慎对待出现跨廊道发展的状况。最后，要注意在实际工作中有可能会遇到规划区跨行政区划的现象。前面说到城市规划区的范围应当位于城市的行政管辖范围内是规划区划定的基本原则，这也符合城乡规划属地化管理的需要。但在实际工作中，有可能因为一些重大设施（如机场、水库等）本身是跨行政边界的，而地方城乡规划主管部门又希望对这些设施周边的用地通过划定规划区的方式进行管控，在这种情况下就有可能出现规划跨行政区划的特殊情况。

2.3.4 空间管制规划

(1) 空间管制的概念

空间管制是规划区和中心城区规划的重要内容。在我国的城乡规划体系中，空间管制的核心内容，则主要落在总体规划层次上（图2-3-3）。省域城镇体系规划只需要明确划定禁止建设区。城市总体规划的市域城镇体系，应当"确定生态环境、土地和水资源、能源、自然和历史文化遗产等方面的保护与利用的

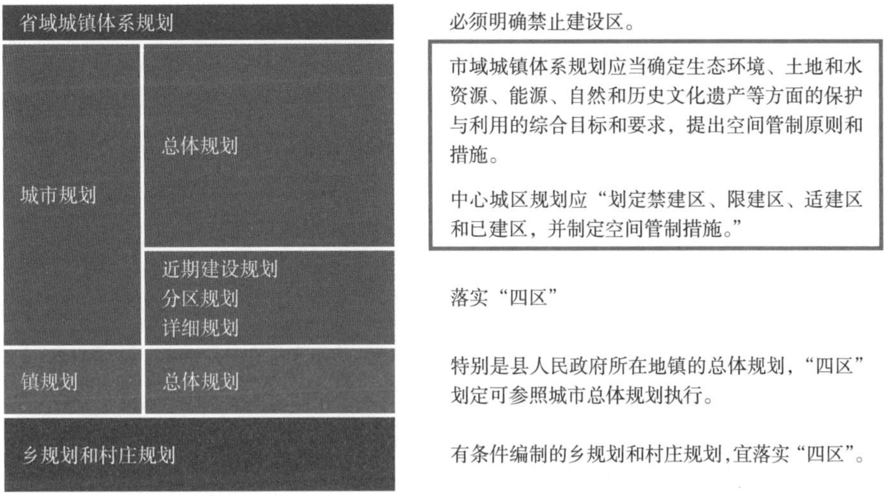

省域城镇体系规划			必须明确禁止建设区。
城市规划	总体规划		市域城镇体系规划应当确定生态环境、土地和水资源、能源、自然和历史文化遗产等方面的保护与利用的综合目标和要求，提出空间管制原则和措施。
			中心城区规划应"划定禁建区、限建区、适建区和已建区，并制定空间管制措施。"
	近期建设规划 分区规划 详细规划		落实"四区"
镇规划	总体规划		特别是县人民政府所在地镇的总体规划，"四区"划定可参照城市总体规划执行。
乡规划和村庄规划			有条件编制的乡规划和村庄规划，宜落实"四区"。

图 2-3-3 城乡规划体系不同层次上的空间管制内容

综合目标和要求，提出空间管制原则和措施"；而在中心城区规划中，应"划定禁建区、限建区、适建区和已建区，并制定空间管制措施"，即通常所说的"四区划定"。分区规划和详细规划的阶段，包括近期建设规划编制，则应落实总体规划对四区制定的具体的空间管制要求。

空间管制不是简单的控制或限制，从根本上讲，空间管制是一种有效而适宜的资源配置调节方式，目的在于按照不同地区的资源开发条件、空间特点，通过划定区域内不同建设发展特性的类型区，制定其分区开发标准和控制引导措施，从而实现社会、经济与环境协调可持续发展。

随着近年来我国城市规划的指导思想逐渐由传统的强调建设规划向注重对空间发展控制的转变，强调城乡空间、建设与非建设空间的统筹规划，空间管制日益成为各级规划中的重要内容。在空间管制问题上，目前呈现出四个发展趋势：从仅仅针对城市建设用地进行管制发展到实现区域化的用地管制；在城市建设区从严格的指标管理过渡到战略性和鼓励性相结合的管理模式；在非城市建设区的空间管制从保护个体资源发展为保护整体性生态环境；在实施手段上，从严格的法律法规控制过渡到以法律法规为主、经济杠杆引导为辅的实施机制。

除了城乡建设规划管理部门外，空间管制也成为其他相关职能部门关注的问题。在国土资源管理部门编制的《土地利用总体规划》、国家发展与改革委员会主导编制的《主体功能区划》以及环境保护主管部门编制的《生态功能区规划》，都相应地会包括空间管制的内容，因此，城乡规划在编制空间管制内容的过程中，还必须考虑和相关规划的协调问题。

（2）四区划定

四区通常是在规划区范围内进行划定。其中，"已经建设区"是指已有的城镇建设用地地区。"适宜建设区"是指可以进行城镇建设地区，位于城市、镇、乡及村庄规划确定的空间增长边界或者规划建设用地范围内。建设用地总量必须严格执行土地利用规划要求，贯彻保护耕地的国策。同时，区内的城镇建设

应严格依照城乡规划进行。在保持建设用地总量不变的情况下，可设立一定程序来调整具体的建设用地边界，或采用空间增长边界与土地利用规划协调，增加规划弹性。"限制建设区"是指原则上禁止城镇建设的区域，范围依法或由城乡规划确定，如城镇组团隔离地带和区域绿地划为限制建设区。在该区域内，按照国家规定需要有关部门批准或者核准的必要的建设项目或建设行为应在控制规模、强度的前提下，经审查和论证后方可进行。如交通、市政、军事设施和农村住宅等应经过一定程序方可进行，且必须有建设部门的选址意见书和乡村建设规划许可证、土地部门的国有土地使用证等。"禁止建设区"是指依法确定、区内严格禁止城镇建设及与限建要素无关的建设行为的地区，如自然保护区缓冲区内禁止与科学研究观测无关的建设行为。按照国家规定需要有关部门批准或者核准的、以划拨方式提供国有土地使用权的建设项目，确实无法避开禁止建设区的，必须经法定程序批准，必须服从国家相关法律法规的规定与要求。特殊的建设行为需要经过法定程序批准，并服从法律法规的规定与要求。其中特殊的建设行为包括交通、市政、军事设施等，但不应包括村庄住宅建设，禁止建设区内的农村居民点应择期搬迁。

四区划定应遵循以下五个方面的原则：①生态原则——禁建区划定将主要依据区域的生态限制条件（水环境、地质环境、资源环境等），与区域周边地区进行生态空间协调，结合区域城镇建设发展的要求。②城镇空间集聚发展原则——从土地集约利用的角度出发，在空间管制分区中强调城镇空间集聚发展的原则，控制工业在空间中的蔓延和城镇分散建设。适建区和限建区的划分有助于引导建设项目尽可能向适建区集中，适建区通常处于已建范围的外延，由此可以促使建设开发行为尽可能在空间上集聚。③强制性与引导性并存原则——引导性是指对空间资源利用的引导（如合理调整城镇布局、保留适宜的绿色开敞空间、协调港口与城市发展等）；强制性是指对影响区域的环境因素、基础设施条件等，提出明确的管制与协调要求（如基础设施衔接、沿路建设控制等）。④可操作性原则——限制性量化指标也应作为在中心城区空间管制考虑的重点。⑤逐级深化的原则——不同范围的空间管制要采用逐级深化的方法。

总体规划中的四区划定应与用地布局方案同时进行，互为前提。四区中"禁止建设区"应优先划定，而限制建设区、适宜建设区则与用地布局方案有密切关系。如限制建设区内的城镇组团隔离绿地是由用地布局结构决定，适宜建设区是根据空间增长边界或规划建设用地决定。四区划定具体可参照以下步骤进行：①收集分析相关基础资料；②根据现状城镇建设用地图识别并划定已经建设区；③根据相关法律法规划定禁止建设区；④根据相关法律法规、用地评价等划定部分限制建设区；限制建设区里主要包括跟生态、环境保护、历史遗产保护等有关的用地，如生态绿地、区域隔离绿带，通常应划入限建区；⑤研究空间增长边界，确定城市建设用地，并据此划定适宜建设区。在保持建设用地总量不变的情况下，可设立一定程序调整建设用地边界。适建区可以根据用地建设条件评估分析以及用地总量估算划定。并将限建区的一些建设项目尽可能引导到适宜建设区内。

（3）中心城区的空间增长边界和三线控制

除了在规划区范围内的四区划定，《城市规划编制办法》还针对中心城区规划提出了更为严格的空间管制措施，这就是中心城区空间增长边界和三线控制，这也是中心城区规划的强制性内容。

首先，《城市规划编制办法》第三十一条第六款提出，中心城区规划应研究中心城区空间增长边界，确定建设用地规模，划定建设用地范围。

随后，又在该条的第十款和第十一款，分别提出了绿线、蓝线和紫线的划定要求。中心城区规划应"确定绿地系统的发展目标及总体布局，划定各种功能绿地的保护范围（绿线），划定河湖水面的保护范围（蓝线），确定岸线使用原则"，应"确定历史文化保护及地方传统特色保护的内容和要求，划定历史文化街区、历史建筑保护范围（紫线），确定各级文物保护单位的范围；研究确定特色风貌保护重点区域及保护措施"。

2.4 近期建设规划

2.4.1 城市近期建设规划的背景

关于城市近期建设规划，第一个文件体现在 1991 年建设部的《城市规划编制办法》中，其中第二章专门讲述了城市总体规划的编制内容，提出了城市总体规划的主要任务是综合研究和确定城市性质、规模和城市发展的形态，统筹安排城市各项建设用地，合理配置城市各项基础设施，处理好远期发展和近期建设的关系，指导城市合理发展。并且明确了城市近期建设规划是城市总体规划的一个组成部分，应当对城市近期的发展布局和主要建设项目做出安排，近期建设规划期限一般为五年，明确了城市总体规划中应当包括"编制近期建设规划，确定近期建设目标、内容和实施部署"。

但是，城市总体规划中的近期建设规划编制也存在着很多问题。首先，我国的城市规划一直以来偏重按空间序列而忽视按时间序列的分解落实，按照城市总体规划——分区规划——控制性详细规划的空间序列，由粗到细、由远及近，逐步把对空间布局的长远要求落实在操作层面，但这种规划结果的落实往往不考虑其所产生的条件和路径（图 2-4-1）。其次，我国长期以来的城市发展是一种传统的扩张型发展思路以及相应的规划编制方法。2003 年，全国各级各类开发区共计 3837 家，规划面积达到 3.6 万 km²，已经超过了当时全国现状城市建设用地 3.2 万 km² 的规模。

第三，传统城市总体规划中的近期建设规划编制方法也存在一定问题，城市总体规划通常更重视规划远期（20 年以后）的城市建设"理想蓝图"，是以预测 20 年后的人口规模来框算 20 年后的城市建设用地规模。近期建设规划的编制期限是 5 年，即在预测 20 年后城市规模的基础上根据 5 年的发展预测规模来做减法，对近 5 年的城市发展缺乏必要的研究，其深度无法有效指导实际的城市近期建设（图 2-4-2）。

在总结这些存在问题的基础上，2002 年国务院和建设部开始重视近期建设规划的编制，使近期建设规划与社会经济发展五年规划成为统筹城市建设

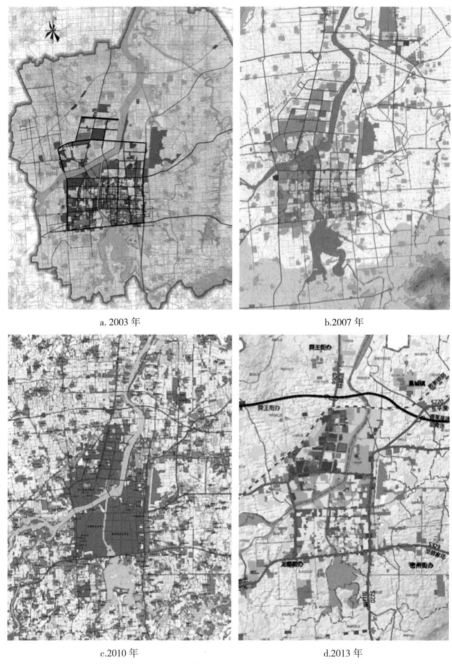

a. 2003 年　　　　　　　　　　　　b.2007 年

c.2010 年　　　　　　　　　　　　d.2013 年

图 2-4-1　某县级市城市空间发展演变图（2003 年、2007 年、2010 年、2013 年）

的双平台和政府工作的抓手。国务院提出要加强城乡规划监督管理，建设部颁发了《近期建设规划工作暂行办法》、《城市规划强制性内容暂行规定》，同时，建设部的规定还明确了各地凡未编制"十五"期间近期建设规划的，从 2003 年 7 月起将不批准新申请建设项目的选址。在上述文件中，明确提出了近期建设规划的地位和作用，是落实城市总体规划的重要步骤，是城市近期建设项目安排的依据。近期建设规划的基本任务是明确近期内实施城市总体

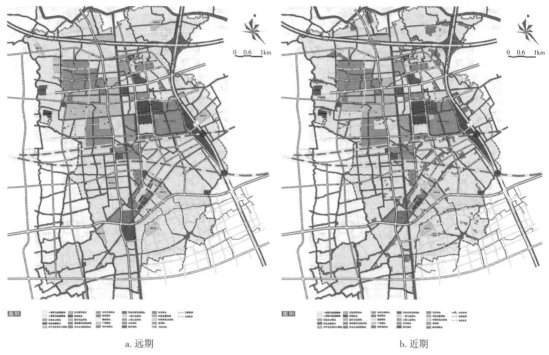

a. 远期   b. 近期

图 2-4-2　某城镇总体规划中的远期用地规划与近期建设规划的关系

规划的发展重点和建设时序，确定城市近期发展方向、规模和空间布局，以及自然遗产和历史文化遗产的保护措施，提出城市重要基础设施和公共设施、城市生态环境建设安排的意见。近期建设规划包括强制性内容和指导性内容两部分。

由于与经济社会发展五年规划相结合，城市近期建设规划也随着发展形势的需要，在每个五年规划的收官之年对下一个五年的城市近期建设规划编制提出新的要求。2005 年，建设部出台了《关于抓紧组织开展近期建设规划指导工作的通知》（建规〔2005〕142 号）；2011 年，住房和城乡建设部又提出了《关于加强"十二五"近期建设规划制定工作的通知》（建规〔2011〕31 号），明确了"十二五"近期建设规划要与"十二五"国民经济与社会发展规划相结合，"十二五"综合规划中也提出要把经济结构战略性调整作为加强转变经济发展方式的主攻方向，把保障和改善民生作为加快转变经济发展方式的根本出发点和落脚点，把建设资源节约型和环境友好型社会作为加快转变经济发展方式的重要着力点，积极稳妥地推进城镇化。住房和城乡建设部、国家发改委、财政部等发布了《关于做好住房保障规划编制工作的通知》（建保〔2010〕91 号），明确了住房保障规划成为近期建设规划的重要内容，进一步完善了近期建设规划的内容。

2.4.2　城市近期建设规划的要求

2006 年出台的《城市规划编制办法》在城市规划编制要求中，提出了编制城市近期建设规划，应当依据已经批准的城市总体规划，明确近期内实施城

市总体规划的重点和发展时序，确定城市近期发展方向、规模、空间布局、重要基础设施和公共服务设施选址安排，提出自然遗产与历史文化遗产的保护、城市生态环境建设与治理的措施。

对城市近期建设规划的编制，提出了其期限原则上应当与城市国民经济和社会发展规划的年限相一致，并不得违背城市总体的强制性内容。近期建设规划到期时，应当依据城市总体规划组织编制新的近期建设规划。近期建设规划应包括：①确定近期人口和建设用地规模，确定近期建设用地范围和布局。②确定近期交通发展策略，确定主要对外交通设施和主要道路交通设施布局。③确定各项基础设施、公共服务和公益设施的建设规模和选址。④确定近期居住用地安排和布局。⑤确定历史文化名城、历史文化街区、风景名胜区等的保护措施，城市河湖水系、绿化、环境等保护、整治和建设措施。⑥确定控制和引导城市近期发展的原则和措施。

相应的在城市总体规划的编制中，提出了中心城区规划要确定城市空间发展时序，提出规划实施步骤、措施和政策建议。

2.4.3 对城市近期建设规划的基本认识

（1）城市近期建设规划是根据城市总体规划的要求，确定近期建设目标、内容和实施部署，并对城市近期内发展布局和主要建设项目做出安排。

（2）城市近期建设规划要以城市总体规划为依据，同时也必须对近几年城市总体规划实施过程中产生的矛盾和问题予以解决。近期建设规划是实施城市总体规划的近期安排，是近期建设项目安排的依据，其目标是充分发挥城乡规划的综合调控作用，促进城乡经济社会的健康发展，因此近期建设规划必须具有一定的可操作性。

（3）城市近期建设规划要处理好近期建设和长远发展、经济发展和资源开发及环境保护的关系，注重生态环境的保护，实施可持续发展战略。通过对近期建设项目及土地供应的控制，引导城市建设的发展方向。

（4）城市近期建设规划是实施城市总体规划的第一阶段工作，是城市总体规划的基本内容。由于城市规划工作要贯彻城市建设远景与近期相结合、以近期为主的方针，因此，城市近期建设规划对安排城市近期各项建设项目、解决近期建设的实际问题、指导当前各项建设，都具有很大的现实和经济意义。

（5）探讨城市近期建设规划的操作，以使上述的各种目的得以实现，并包括对已有的规划实践进行评价。当前在城市总体规划实践中，强调了"两规合一"或"三规合一"，把国民经济和社会发展规划、城市总体规划、土地利用规划中涉及的相同内容统一起来，并落实到一个共同的空间规划平台上。各规划的其他内容可以按相关专业要求各自补充完成。在此基础上，很多地方开始探索"多规合一"，将人口规划、产业规划、空间规划、土地利用规划、城市文化遗产保护规划、环境保护规划等内容加以融合，这些融合的规划内容在城市近期建设规划中应更加突出体现。

2.4.4 城市近期建设规划的主要内容

(1) 近期人口规模和建设用地规模

近期人口规模规划要明确城市总体规划确定的人口规模控制目标和发展策略，并要总结现状人口规模以及过去 5 ～ 10 年人口规模变化的特点，并突出分析影响近期人口规模发展变化的主要因素，由此来判断近期人口的发展规模，提出近期人口发展引导的策略。在此基础上，来判断城市近期建设用地规模，主要明确城市总体规划确定的城市建设用地规模和土地利用策略，并要总结现状城市建设用地规模以及过去 5 ～ 10 年城市建设用地规模变化的特点，分析近期经济社会发展对城市建设用地的需求，在此基础上，提出近期城市建设用地发展规模以及引导的策略。

(2) 近期建设用地范围和布局

规划要划分近期建设用地的重点区域与建设时序，包括确定城市近期开发的边界，落实城市总体规划确定的城市空间结构发展方向和城市功能布局调整目标，综合落实近期重点建设项目，并且划定近期建设重点地区的新增建设用地范围。

(3) 主要对外交通设施和主要道路交通设施布局

近期的主要对外交通设施和主要道路交通设施布局规划，包括了要确定近期交通规划发展目标和制定发展策略，以及确定近期建设的主要任务。

(4) 确定城市近期各项基础设施、公共服务设施、公益性设施建设规模和选址

第一，各项城市市政设施。要在城市总体规划的框架下，结合城市近期土地投放计划、城市重大项目的安排、城市主要道路修建及城市拆迁、危旧房改造等，确定各项基础设施的建设规模，安排重点建设项目，指导各年度实施计划的编制。

第二，各类城市公共服务设施和公益性设施的建设规模和选址。城市近期建设规划中的公共服务设施主要包括教育、医疗卫生、体育、社会福利、科技、商业等内容。各类城市公共服务设施的规划要基于对现状的分析和对未来的预测，统筹各项公共服务设施的空间发展需求，包括土地空间的量化的需求和布局的需求。

(5) 居住用地布局

居住用地布局关乎改善居住环境和提高人民群众的居住和生活质量，因此是城市近期建设规划的重点。特别要注重社会公平，积极为低收入的居民提供必要的住房保障。在居住用地和住房保障方面，特别要关注住宅建设用地供给、住宅结构、住宅布局导向和社会保障性住房建设，并且要提出规划实施的导向。

(6) 近期历史文化名城等的确立

城市近期建设规划中要确定历史文化名城、历史文化街区、风景名胜区的保护措施，城市河湖水系、绿化、环境等保护、整治和建设措施。

（7）城市近期建设规划的强制性和指导性内容

城市近期建设规划包括强制性内容和指导性内容，尤其要关注规划的强制性内容，并且不得随意调整、变更，如近期建设用地范围、根据城市近期建设重点和发展规模来确定城市基础设施和公共服务设施、历史文化保护、生态环境保护和城市防灾工程等。在编制城市近期建设规划时，城市人民政府可以根据本地区的实际情况，决定增加近期建设规划中的指导性内容。

2.4.5 城市近期建设规划方案阶段的其他工作

（1）现状分析

城市近期建设规划的编制要立足于现状，切实解决当前城市发展面临的突出问题。要对现状进行充分的了解与认识，不仅要调查通常理解的城市建设现状，还要了解形成现状的条件和原因。

（2）对城市总体规划和上一轮的城市近期建设规划实施情况总结

编制城市近期建设规划首先要对现行的城市总体规划和上一轮城市近期建设规划实施情况进行详尽的分析，提出总结报告，在此基础上确定本次近期建设规划的重点解决问题和相应的技术路线。城市总体规划和城市近期建设规划的实施情况总结是非常重要的基础，应包括规划实施效果、城市发展方向是否正确、人口与用地的规模是否突破、重点地区和重点项目建设是否到位，以及住房、道路、绿化、景观、环境、基础设施等方面的建设情况，以及规划管理方面存在的问题等。

（3）城市近期建设规划专题研究

根据城市近期建设规划编制的需求，可以在规划方案编制的同时，针对一些比较复杂的议题，如重要项目选址、用地开发等开展深入的专题规划研究。只有如此，才能把城市总体规划这样一个战略性、长期性的战略思考落到实处，把长远20年对城市总体发展的架构和最近五年要建设发展的具体可操作内容结合起来，既满足城市近期发展建设的需求，又能保证城市长远的科学合理发展。

■ 本章主要参考文献

[1] 《国务院关于调整城市规模划分标准的通知》（国发〔2014〕51号）.

[2] 《城市规划编制办法》（2006.4.1施行）.

[3] 《县域村镇体系规划编制暂行办法》（2006施行）.

[4] 关于印发《近期建设规划工作暂行办法》、《城市规划强制性内容暂行规定》的通知（建规〔2002〕218号）.

[5] 《关于抓紧组织开展近期建设规划制定工作的通知》（建规〔2005〕142号）.

[6] 《关于加强"十二五"近期建设规划制定工作的通知》（建规〔2011〕31号）.

[7] 《关于做好住房保障规划编制工作的通知》（建保〔2010〕91号）.

[8]　《坚定不移沿着中国特色社会主义道路前进　为全面建成小康社会而奋斗》（中共十八大报告，2012 年 11 月 8 日）.

[9]　《中共中央关于全面深化改革若干重大问题的决定》（中共十八届三中全会公报，2013 年 11 月 12 日）.

[10]　程志强 . 中国城乡统筹发展报告（2012）[M]. 北京：社会科学文献出版社，2012.

[11]　彭小雷，苏洁琼，焦怡雪，等 . 城市总体规划中"四区"的划定方法研究 [J]. 城市规划，2009（2）：56-61.

[12]　裴新生，王骏 . 烟台城市规划区规划研究 [J]. 城市规划学刊，2007（2）：109-112.

[13]　孙斌栋，王颖，郑正 . 城市总体规划中的空间区划与管制 [J]. 城市发展研究，2007，14（3）：32-36.

[14]　王蒙徽，胡显文 . 对近期建设规划编制内容与方法的探讨 [J]. 城市规划，2002，26（12）：40-43.

[15]　王伟光 . 中国城乡一体化 [M]. 北京：社会科学文献出版社，2010.

[16]　袁锦富，徐海贤，卢雨田，等 . 城市总体规划中"四区"划定的思考 [J]. 城市规划，2008（10）：71-74.

[17]　张泉，等 . 城乡统筹下的乡村重构 [M]. 北京：中国建筑工业出版社，2006.

[18]　邹兵 . 由"战略规划"到"近期建设规划"——对总体规划变革趋势的判断 [J]. 城市规划，2004，27（5）：6-12.

3 城市空间布局规划

3.1 城市总体布局研究

3.1.1 城市布局研究的步骤

　　研究并确定城市总体布局是开展城市总体规划工作的核心内容和关键环节。既要理解城市总体布局的工作任务，也要掌握总体布局研究的工作方法。

　　城市总体布局是城市的社会、经济、环境因素以及工程技术条件与空间组织关系的综合反映，是根据城市自身特点与未来趋势，对组成城市社会经济活动的各项功能要素，包括工作、生活、交通、游憩等在空间和用地上进行的统筹安排和部署。城市总体布局的合理性，关系到城市建设、管理与运行的整体效能，也关系到城市发展的长远效益。

　　城市总体布局研究从工作程序上，可以概括为三个步骤。

　　第一步，综合认识城市空间生长的特点与矛盾。通过现状研究，系统性、针对性地分析影响城市布局的因素，从多视角和关联性出发，综合分析归纳城市发展特点，对城市空间发展问题形成比较清晰的整体认识框架。

　　第二步，研究城市空间生长趋势，围绕影响城市空间关键性的结构要素，研究城市空间布局组织开展的对策。

第三步，通过建立多场景的方案比较视角，分析评价方案选择的可能性及相应的支撑条件，最终明确城市发展方向和空间布局的重点。

在认识城市空间发展环境和特点方面，首先要对城市历史发展过程进行回顾，总结城市空间发展的历史经验，分析把握城市空间形成的原因和演化规律。其次是对城市的自然地理特征、空间要素的分析。这是一项比较细致的工作，需要分层次、有针对性地开展。一般会运用多种方法和相应的技术手段，其目的是为了发现问题和寻找解决问题的思路。城市用地的适用性评价是其中一项重要内容，利用 GIS 等分析技术对城市地理环境、地形地貌、自然灾害等要素进行叠加分析，归纳影响、约束城市布局的因素。城市发展环境不同，评价的内容、重点和采用的方法存在差异性。第三，是综合城市区域环境、社会经济条件，认识城市用地和空间布局的现状特点和存在的主要问题。

系统分析城市空间发展的特点、存在的矛盾和原因，以及影响今后发展的因素，是确定城市总体布局的基础。通过进一步的思考、研究，逐步建立起目标导向和针对城市实际发展问题的空间应对逻辑——城市空间布局策略。

3.1.2 城市布局的结构组织

（1）城市布局研究的三个层次

城市布局的结构组织是一个比较复杂的问题，具有综合性和系统性，要从结构性出发把握城市布局研究的层次和关键要素。一般可以把城市空间布局分析分为三个空间层次：一是宏观层次，基于一个比较宏观的视角来分析城市发展的战略目标，研究在此目标下城市空间结构调整的要求和重点；二是中观层次，研究城市内部一些结构性要素的组织关系；三是微观层次，研究一些更加具体的空间的安排，包括土地使用具体安排和建成环境的质量等内容。

结构研究是将空间战略落实到规划控制的关键一环，这三个层次的分析必不可少。宏观层次，是从一个城市的战略定位、目标及其在区域中与周边地区的发展关系出发，研究这些方面对城市空间会有什么样的影响。例如，北京在上一版总体规划（2004—2020）中提出的"双轴双带"的发展结构，南北为传统文化轴线，东西为城市拓展轴线，西侧是以生态保护为主的控制带，东侧是以新城为主的发展带，整体城市空间布局的调整强化东向发展。这一个结构的确立，我们可以理解为宏观层面的结构（图 3-1-1）。

第二个层面是中观结构，最典型的就是新加坡在 1970 年代概念规划中提出的发展结构（图 3-1-2）。因为新加坡是一个岛，城市空间资源受到严格约束，所以比较强调内部结构组织的合理性。中部绿心是受到严格保护的城市水源地，南部为传统老城、城市中心、港口及产业区等功能。围绕绿心形成环状的空间布局，在环状空间布局内部，以轨道交通串联起新城、新市镇和主要功能的节点。新加坡强调这是"X 年"的结构，即长远控制的结构。在这个"X年"结构的背后，我们可以非常清晰地看到，新加坡在其整个空间范围内是如何把生产、生活、交通和公共中心等功能合理地组织在一起的。这种围绕城市主要功能区、中心、保护地区及交通等要素的组织关系，我们称之为中观的结构，它决定了城市空间的基本骨架和空间运行效率。

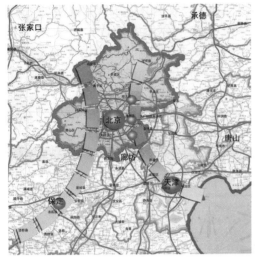

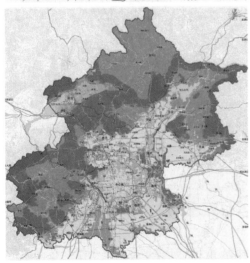

图 3-1-1 北京市城市总体规划（2004—2020）中提出的"双轴双带"发展结构

资料来源：北京市人民政府，北京城市总体规划（2004年—2020年），2004.

第三个层面是微观结构，它主要以具体的土地使用和空间安排为主，主要目标是提升城市的建成环境质量，体现城市的特色和形象。例如城市的滨水地区，在总体布局时，需要考虑好对滨水地区的一些发展要求，并从总体布局层面加以控制和引导。微观层面是最直接被人们感知和体验的空间层次，因此也是结构研究中不可忽视的内容。

（2）城市布局和结构组织的要点

围绕整个空间结构布局和空间要素的组织，可以归纳为七个方面的要点，包括明确城市的增长边界、研究空间发展的方向和分区发展策略、交通网络与总体布局关系、城市中心体系和公共服务设施布局、注重空间生长的连续性和弹性、塑造城市良好的景观和环境的特色，以及在上述七个要点基础上的综合。每个城市的布局都需要从上述每个角度或方面认真分析之后，再还原到对空间结构的整体认识，形成系统的城市布局策略。

这里结合安徽省铜陵市的空间布局规划进行分析（图 3-1-3）。铜陵位于安徽省中部，长江南岸，人口约 60 万人，是一个以传统有色金属冶炼为基础发展起来的城市。

要点一：明确城市的增长边界

在分析一个城市布局结构时，首先要研究城市增长的边界，明确哪些地区是不应该发展的。确定了不该发展的地区，某种意义上也明确了可以发展的地区。对增长边界的控制是体现底线思维、应对发展不确定性的重要手段。

增长边界主要研究生态要素及一些门槛要素对城市空间形态扩张造成的限定（图 3-1-4）。铜陵城市增长边界主要考虑了行政边界、地形、水体湿地、农田、地质灾害等因素。通过对限定因素的研究，明确需要严格控制发展的地区（禁建区）、有限制条件的发展地区（限建区）以及适合发展的地区（适建区）。

要点二：研究城市空间发展方向及分区发展策略

研究城市空间发展方向及分区发展策略，是为了明确空间发展的重点，研究制定引导城市空间分区发展的差异化政策。

图 3-1-2　新加坡在 1970 年代概念规划
中提出的城市发展结构

资料来源：新加坡 1971 年概念规划（Concept
Plan of 1971）.

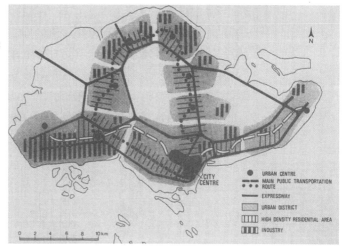

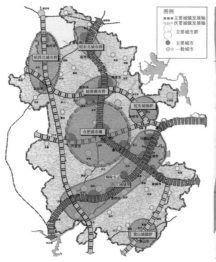

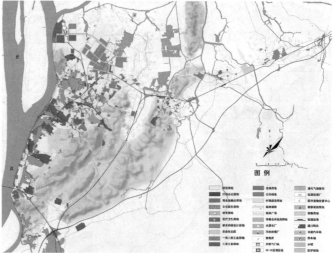

图 3-1-3　安徽省铜陵市区位及城市土地
使用现状

资料来源：上海同济城市规划设计研究院，
铜陵市城市总体规划（2009-2030），2011.

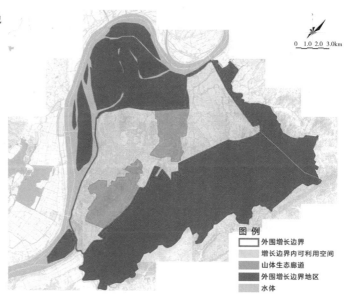

图 3-1-4　铜陵市城市增长边界的划定

资料来源：上海同济城市规划设计研究院，
铜陵市城市总体规划（2009-2030），2011.

城市在每个发展方向上都有不同的发展要求，例如可以简单地划分为东部、北部、南部、西部及内部。通过分析区域联系的方向和强度、不同方向的增长趋势和发展需求，确定不同方向上城市发展的重点、不同地区在未来发展中的作用，进一步针对不同发展方向和分区提出相应的引导措施。

要点三：交通网络与总体布局的协调

建立交通网络与城市布局的协调关系是空间布局最重要、最核心的问题，其重点是研究交通与城市产业布局及生活空间组织两个方面的关系（图3-1-5）。

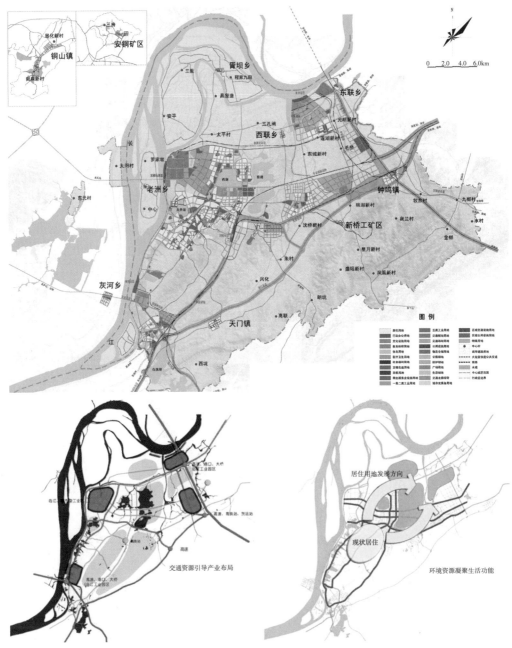

图 3-1-5　铜陵市交通网络与城市布局的关系

资料来源：上海同济城市规划设计研究院，铜陵市城市总体规划（2009-2030），2011.

在交通与产业布局的关系方面，重点是提高交通服务的效率。工业布局强调区域交通区位指向，即工业的选址应该倾向于对外交通最便捷的地区，例如靠近高速公路、铁路及港口。反过来，一旦确定了工业区的布局，就要提供高效率的对外交通的保障。在第三产业布局方面，强调服务区位指向。第三产业类型多样，如市场商贸功能需要和交通枢纽结合，而商业商务功能则需要城市交通可达性的支撑，也常常位于交通服务半径覆盖的相对中心的地带。

在交通与生活空间的关系方面，强调公共交通区位指向。以公共交通组织生活系统，建立与城市空间形态相协调的生活交通体系。而公共交通枢纽地区往往也是公共活动和生活中心最佳的选址地区。

要点四：强化城市中心和公共服务体系

城市中心和城市公共服务体系是支撑一个城市基本运行的重要保障，在城市结构组织中具有引领和主导作用，也需要最大程度上与城市生活系统结合起来。

城市中心是城市生产性服务业和生活性服务业功能集聚的地区，公共活动密度高，是体现城市繁荣与活力最重要的区域。在城市处在外延扩张时期，新区的开发有赖于新的城市中心的确立和推动。而在城市转向内涵式发展阶段，城市功能的提升需要通过城市中心区功能的升级来实现。

城市公共服务体系的完善，决定了城市生活系统的质量，在空间上也与居民分布密切相关，需要体现生活服务区位和公共交通的支撑。

要点五：注重生长的连续性和弹性

每个城市的发展都是一个不断生长、发育的过程，城市布局既要研究未来指向，也要回到现状与实际结合。应选择一种与城市现实密切相关联，又利于城市生长、连续的发展模式。在安排新区发展时，要注重依托老城形成联动发展，避免脱离实际盲目跨越。

在这个方面，还要考虑城乡和区域整体发展的关联性，选择一种最有利于促进城乡整体发展，并与区域结合最为紧密的发展结构。

同时，也要树立长远的观点，从时间维度上谋划适应城市长远发展的空间格局，从现在到近期再到远期，建立一个适于城市长远的发展、具有弹性、连续性的布局结构。

要点六：塑造城市良好的景观和环境特色

关注城市良好的景观和环境特色，就是要让城市空间环境更加宜居、更加吸引人。首先，要充分挖掘、研究城市特质资源，包括自然环境、历史文化资源，这是塑造城市特色的基础。其次，要研究这些资源分布与城市空间的关系。第三要创造性地将这些资源与城市空间布局，尤其是城市生活系统结合起来。

铜陵地处长江沿岸，山水资源非常丰富。空间布局中提出生活功能布局要体现景观区位指向的原则，以景观要素聚合城市生活空间，通过滨江、环湖、山水相嵌塑造城市环境特色。居住用地和生活功能沿江、环湖布局，同时沿江、沿湖留出生态空间和公共活动空间，生活体系的组织与塑造城市景观、环境特色有机结合。同时提出保护城市生态基底，在不同的功能区之间建立了许多绿

色廊道，把城市和周边山水连接成一个整体。

要点七：综合不同策略的整体支撑关系

城市总体布局是一个综合的、有机的系统，所有的结构要素要通过布局策略有机地整合在一起。城市布局既要考虑不同要素布局的合理性，也要保证整体结构的合理性。因此要在前面六个方面的分析基础上，检验所有要素之间能否形成一个综合的体系。包括对增长边界的控制、发展方向的选择、交通组织、城市中心布局、不同功能区的安排以及城市环境特色塑造等方面提出的组织策略，能否形成相互支撑的整体关系，而不是相互独立的，这是城市总体布局的基本要求。

3.1.3　城市布局方案的比较

每个城市的布局并不完全是一个简单的"是非"问题，不会有唯一的答案，既包含了我们对未来趋势的判断，存在多种可能性和未来发展的不确定性，也包含了我们对空间发展技术合理性的理解，而最终城市布局的确定是一个沟通、博弈和决策的过程，因此方案的比较是一个不可缺少的环节。

（1）城市布局的多方案比较视角

开展城市布局的多方案比较，主要包括三个方面的工作内容，第一，设定多维度、多场景的分析视角；第二，建立方案比较的内容和比较的原则；第三，通过方案比较，研究不同方案之间的差异，明确城市布局策略的重点。

从方案比较切入的一般角度来看，可以有多个方面，例如城市发展不同的速度，可能会造成城市的发展规模不同；也可以从选择不同的城市发展方向入手，比如可能向东或者向西，会形成空间形态上的差异；选择不同的发展重点，如选择新城开发，或以城市更新为主；强化某些特定的功能，或围绕着城市的综合性功能来发展；也可以从不同的空间组织模式进行比较等。不同的场景下城市会有不同结构组织模式和布局方案，开展比较研究的目的，就是为了分析未来发展不同的可能性。

在开展方案比较过程中，需要同时关注方案背后实现的路径，理清城市未来空间结构发生调整的重点，以及支撑这些重点手段。

（2）城市布局组织的三个评价标准

总体上看，通过布局研究和方案比较，是为了明确城市布局的一些核心问题，或者是一些关键性原则，因此也是把握城市主要矛盾和城市发展关键性策略的过程。

最后需要强调，一个好的城市布局应当符合三个标准。

第一个标准：保证城市运行效率。能够处理好城市结构与规模增长的关系，有利于改善缺乏组织的空间关系，避免低效蔓延、结构离散的趋势。

第二个标准：提高城市的生活质量。能够处理好经济空间和生活空间的关系，并建立起完善的生活系统，提高城市生活环境的品质。

第三个标准：体现城市空间特色。能够处理好城市发展和保护的关系，通过城市特质保护和形象塑造，体现城市空间特色。

3.2 城市公共中心和公共设施布局规划

3.2.1 城市公共设施的类型和空间布局

城市有哪些类型的公共设施？首先是商业设施，人们要去买食品、日用品、服装等；其次是餐饮设施，周末和闲暇时段，全家出去玩，在外面吃顿午饭，或者跟好朋友聚一聚，一起享用晚餐；其次是教育设施，小孩子要上幼儿园、小学、初中、高中，直至职业学校、大学；再次是体育设施，有空的时候去打打羽毛球、游泳、去健身房等；接下来是文化设施，去图书馆看看书，带小孩去参观博物馆，去美术馆看画展等；再接下来是医疗设施，身体总归有不适的时候，偶尔有个感冒发烧就要去医院了；也包括一些娱乐设施，去电影院看场电影，乐迷们去大剧院听听音乐会等；还包括一些行政服务部门，如户籍注册、婚姻登记、税单查询等。

以上提及的是跟人们的日常生活密切相关的公共设施，还有些公共设施并不为人们日常所使用，例如金融保险大楼、法律事务所、音乐广告的制作公司等。这些公共服务设施的服务对象更多的是一些机构和企业。因此，一些公共设施离我们很近，为我们所熟知，另一些公共设施则离我们较远，非专业人士难以一窥其貌。

城市的公共设施如何进行分类？首先要讨论的是公共设施的分类标准，第一，以是否为公益性为标准，所谓公益性就是不以营利为目的，据此可将公共设施分为两大类型：①公共管理和公共服务设施；②商业服务业设施。上文提到的行政服务、图书展览、文化活动中心、高等院校、中小学、体育场馆、医院，大多都是公益性的，归入公共管理和公共服务设施。不过，这里的公益性并不是绝对的。近些年出现的一些民办院校，包括国外大学在中国一些大城市设立的分校，其本身有营利诉求，并不是完全公益性的。其他一些公共设施要归入商业服务业设施，例如，零售、批发、餐饮、旅馆、金融保险、艺术传媒、贸易、设计、咨询、剧院、音乐厅、电影院、歌舞厅、网吧、游乐场、高尔夫、溜冰场、赛马场、跳伞场、摩托车场、射击场等，这些设施以营利性为主要目的。当然，营利性也不是完全绝对的，例如剧院和音乐厅，尽管以营利性为生存法则，但确实有一些是要靠政府的财政补贴运营的，一定程度上也具备公益性的特征。商业服务业设施还包括电信邮政等营业网点、民营培训机构、私人诊所、宠物医院等。

第二，以服务频率为标准，也可以分为两大类型：①基本型的公共设施；②改善型的公共设施。前者如菜市场、超市、中小学等，后者如音乐厅、高尔夫球场等，基本型就是在每个人的日常生活中，每天或每周都要使用的设施，例如日用品超市等。比较而言，改善型公共设施的使用频率就没有这么高，其使用人群也没有那么大众，改善型公共设施提供的服务面向非普通的消费群体，有一定的消费门槛。

第三，以政府介入程度为标准，同样也可以分为两大类型：①政府主导型公共设施；②市场主导型公共设施。政府主导型公共设施包括医院、中小学、邮政电信等营业网点，是以政府主导为主的；市场主导型的公共设施包括零售、

餐饮、旅馆等，政府主要负责规范这些公共设施的经营秩序。前段时间讨论较多的PPP（Public-Private-Partnership），即政府和私人的合作，这是国家政策鼓励的领域，相信今后政府和民间机构合作的公共设施会更多地出现。

上述公共设施分类的意义何在？与城市总体空间布局有怎样的关系？严格来讲，这样的分类对城市总体空间布局有重要的指导意义。例如，我们在进行城市总体空间布局时，对政府主导型的公共设施一定要预留充足的用地空间，因为这样的用地空间如果不预留的话，今后市场就不会自行产生这样的设施了。曾发生过这样的尴尬情形，城市新区需要设置一个邮政支局，但已经找不到合适的地块了。而对于市场主导型的公共设施，总体规划中就不必要考虑得如此"周到"，也没有办法规定哪里是餐饮店、哪里是小型超市、哪里是零售街铺。又如，对一些基本型的公共设施，人们使用是高频率的，便捷性最为重要，这就要考虑布局上的均衡，所以才会有"服务半径"的概念，幼儿园、小学要满足300～500m服务半径的要求。再如第一个标准，公共管理和公共服务设施不以营利性为目的，但对以营利性为导向的商业开发有明显的带动作用，例如，很多城市新区通过行政中心的迁入带动后续开发，在城市土地市场的培育过程中，通过优质中小学、医院的布局带动周边地块的升值等。

3.2.2 城市公共中心的类型和空间布局

在城市总体空间布局中，当大量的公共设施集聚在某一特定区位的城市空间，就会形成公共中心。城市有商业中心、行政中心、文化中心、体育中心、金融中心，但是，这些中心并不是每一个城市都具备的。可以这样理解，几乎每个城市都有商业中心和行政中心，但并不是每个城市都有金融中心。严格来讲，只有极少数的特大型城市才有金融中心。

提及商业中心不得不提到"万达广场"，今天的中国，很多大城市的中心区都会有万达广场。万达广场的商业综合体模式在一定程度上借鉴了美国的郊区购物中心，只不过其区位在中国为城市的中心区，且以适应中国城市的特点进行了本土化的改良，例如露天的商业广场公共空间，商业街廊道公共空间等。这是商业中心的一种典型模式，即以一个或几个大型商业综合体统领的块状商业中心布局。传统的商业中心布局模式还包括带状的商业街模式，以一条或几条商业街组合而成的街区模式，例如上海的南京路商业街、南京的夫子庙商业街区等，这种模式的特点是以商业街为主干，串联起大型百货商店、沿街小型专卖店、餐饮店等多样的商业设施。

城乡规划领域经常使用的专业词汇是"功能构成"，但商业部门常采用"业态"的概念，两者有一定的相似性，但并不完全一致。分析商业中心的"业态"，更能够抓住其本质特征。百货商店几乎是商业中心必备的一种业态，同类型商品和各种各样的品牌汇集在一起，消费者能够充分比较，有较大的选择性。专卖店是商业中心的另一种业态，消费者能够发现同一个品牌的不同类型商品，例如苹果电子产品专卖店、安踏体育用品专卖店等。近年来，随着电子商务快速增长，在淘宝、京东等诸多电商的冲击下，城市商业中心的地位面临严峻挑战。城市商业中心的发展已经呈现出一种可见的趋向，即不再仅仅是人们集聚购物的场所，而是愈发成为人们的闲暇体验中心，其中，儿童游乐、影视娱乐、咖啡餐饮的功能构成比例在逐步增加。因此，在进行城市总体空间布局时如何规划未来的商业中心？毕竟城市总体规划的期限是 20 年，这是一个需要延伸思考的问题。

以大广场、长轴线为特征的纪念性序列空间已经成为我国城市行政中心的典型标签。城市的行政中心由哪些功能构成？以四套班子（市委、市府、人大、政协）为代表的办公空间常常成为行政中心的核心功能，接下来可能配置检察院、法院等司法机关，也会包括市政府的组成部门和下属部门，例如发改委、经委、国土局、环保局、统计局、教育局、卫生局、文化局、规划局等。诸多的行政机关集中设置，需要配置专门的会议中心和配套服务的食堂餐饮。同时，为烘托行政中心的氛围，诸如博物馆、大剧院、图书馆、规划展览馆等文化设施也常常一并布置。问题在于，这样的空间布局模式和功能构成能否成为行政中心的唯一组织模式？答案显然是否定的，为此需要规划师更加理性的综合分析，在城市总体空间布局中进行更加积极的探索和创新。

3.2.3 城市公共设施和公共中心的空间布局要点

城市公共设施在城市总体空间布局中要把握合适的用地比例。依据《城市用地分类和规划建设用地标准》GB 50137—2011 中的规定，公共管理和公共服务设施占规划建设用地的比例为 5%～8%，在进行空间布局规划时对此要进行准确核算。此外，2008 年国家颁布了《城市公共设施规划规范》GB 50442—2008，规定了公共设施占城市规划建设用地的比例，小城市为8.6%～11.4%，中等城市为 9.2%～12.3%，大城市分成三档，城市人口规模 50～100 万的占 10.3%～13.8%，100～200 万的占 11.6%～15.4%，200 万以上的占 13.0%～17.5%。从中可以看出，大城市的公共设施比例相对较高，这是由大城市的城市功能和区域地位决定的。一方面，有些类型的公共设施在小城市不会出现，例如类似上海浦东小陆家嘴地区的金融中心，诸如大剧院、歌剧院、博物馆等大型文化设施在一般的小城市很难配置；城市规模大，行政管理的复杂程度也提高了，相应地，行政办公设施的容量也会增加。另一方面，大城市的这些高端公共设施的服务区域已经超越城市本身，可能辐射到更大的区域。例如，2016 年开园的上海迪士尼乐园，游客的目标群体是面向长江三角洲乃至全国更大的区域。

城市公共设施和公共中心在城市总体空间布局中要把握合适的区位。区位的选择是综合考虑服务半径、交通可达性、土地价值规律的结果。城市公共中心的空间布局要尊重土地的价值规律，例如，规划城市的商业中心时，应该选择城市土地价值高的地段，这种地段的交通可达性也应该是相对较高的。而当我们进行一些日常服务设施的布点时，就应该考虑它使用的频率，如果使用频率高，就必须基于它的服务半径选择合适的区位。

城市公共设施和公共中心在城市总体空间布局中还要把握合适的规模和尺度。规模和尺度是我们在进行城市总体空间布局时容易忽略的问题。在做方案草图的时候，要对地块的用地面积、地块的开发容量有一个大致的估计，并

与同级别的城市进行比较，避免出现城市公共设施规模尺度与城市规模不相匹配的情况。例如，上海五角场的万达广场的总建筑量约 40 万 m²，其中商业建筑面积约 26 万 m²，占地约 7 万 m²。如果在一个县城的总体规划中，也大手笔地勾画出这样一个庞大体量的商业中心，显然就是规模尺度失衡了。

3.3 城市空间增长边界的划定

3.3.1 发展背景

(1) 我国城镇化快速发展

中国改革开放 35 年，也是城镇化快速发展的 35 年。我国城镇化率从 1978 年的不到 20% 上升至 2013 年的 53.7%，城镇人口增长 5 亿多。城市个数由 1978 年的 193 个上升至 2013 年的 658 个。城市建设用地面积由 1981 年的 6720km² 上升至 2013 年的 4.79 万 km²[1]。当然我国城镇化快速发展的同时，也带来了资源消耗、环境污染、城市无序蔓延等诸多的问题和挑战（图 3-3-1、图 3-3-2）。

(2) 发展和保护并重成为城市转型的主要方向

党的十八大报告提出"四化同步、五位一体"，即坚持走中国特色新型工业化、信息化、城镇化、农业现代化发展道路，坚持政治建设、经济建设、社会建设、文化建设、生态文明建设之间相互协调，走可持续发展的城镇化道路。深圳、广州、武汉、长沙等城市，都陆续划定城市基本生态控制线，以解决促进"大发展"与保护"大生态"的关系，强调了对生态环境保护的底线思维。由此可见，引导城市合理发展，促进城市由粗放外延式增长向集约化增长模式转变，是当前城市转型的重要任务。

(3) 国家相关规范中明确要求划定城市空间增长边界

2006 年建设部颁布的《城市规划编制办法》，要求研究中心城区空间增长边界，确定建设用地规模，划定建设用地范围。

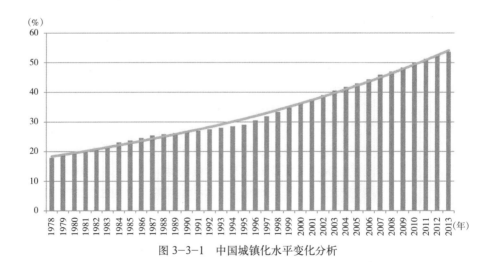

图 3-3-1　中国城镇化水平变化分析

---

[1] 数据来源：《中国城市建设统计年鉴 2012》。

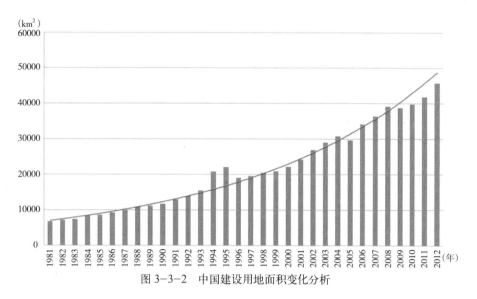

图 3-3-2 中国建设用地面积变化分析

2013 年 12 月中央城镇化工作会议和《国家新型城镇化规划》，要求 "严格新城新区设立条件，防止城市边界无序蔓延"、"城市规划要由扩张性规划逐步转向限定开发边界、优化空间结构的规划"。

2014 年 2 月国土资源部下发了《关于强化管控落实最严格耕地保护制度的通知》，要求 "严控建设占用耕地，划定城市开发边界，控制城市建设用地规模，逐步减少新增建设用地计划指标"。

2014 年 2 月《住房和城乡建设部关于开展县（市）城乡总体规划暨 "三规合一" 试点工作的通知》，要求 "按照促进生产空间集约高效、生活空间宜居适度、生态空间山清水秀的总体要求，调整城乡空间结构，统筹规划各类城乡建设用地与非建设用地，科学划定城镇开发边界，合理确定城乡居民点布局总体框架"。

3.3.2 相关概念

(1) 绿带 (Green Belt)

绿带的概念来源于 1889 年霍华德提出的 "田园城市" 理论，最早应用于 1944 年英国大伦敦规划，是指为防止城市盲目扩展或与近邻城市联成一片，在城市四周或在相邻城市之间设置用以限制城市建设的地带，这种地带可以是风景区、林地、农田等。

英国绿带自 1938 年立法以来至今，政府一直通过政策立法对绿带的划定、审批、开发建设和边界审核等方面工作进行规范化、法制化管理。其在控制城市蔓延和保护耕地等方面做出了明显的贡献，但是在实施过程中也出现了以下弊端，如造成城市用地紧张、绿带的公用性较差、边界划定和管理过于刚性等 ❶。

---

❶ 资料来源：黄雨薇.英国绿带政策形成、发展及其启示 [D]. 武汉：华中科技大学，2012.

图 3-3-3　1976 年塞勒姆地区的城市增长边界

（2）城市增长边界（Urban Growth Boundary，简称 UGB）

城市增长边界的概念最早由美国在 20 世纪 70 年代的俄勒冈州塞勒姆市提出 ❶（图 3-3-3），指通过划定城市区域和农村区域之间的界限，利用区划、开发许可证的控制和其他土地利用调控手段，将合法的城市开发控制在边界之内，并通过地方立法的形式来规范相应的边界控制和管理工作。

美国结合多年的城市增长边界管理实践，从设置动因、实施效果、实施管理等方面展开了研究，已形成了较为系统的研究框架和体系。但是在实施过程中也存在着一些问题，如决策者很难正确判定城市发展速度，容易导致划定范围过大；城市增长边界内部逐渐出现过度拥挤及由此带来的高地价、高房价等社会问题 ❷。

（3）城市服务边界（Urban Service Boundary，简称 USB）

城市服务边界是伴随着城市边界管理技术的发展而提出的，最早应用于 1950 年美国肯塔基州的列克星敦市，指通过经济激励来引导城市增长的一种工具，由政府划定提供城市基础设施以及公共服务的区域范围，在此边界外政府不支持城市的建设（Staley and Mildner，1999）。

相对于城市增长边界主要从容纳城市的增长和发展的角度出发，城市服务边界主要是建立在确保城市服务设施的高效利用和保护城市基础设施投资的基础上，更多的是关注城市增长的时序，灵活性和引导作用更强，对城市发展的限制严格程度弱于城市增长边界的要求（Bengston and Youn，2006）。

（4）生态边界

生态边界是指基于生态优先、反向控制的思维，结合生态环境、资源利用、公共安全等各类要素划定限制和控制类区域，倒逼出城市开发边界。如 1976 年，香港制定《郊野公园条例》，通过立法和用途管制保护郊野地区，阻止城市建设向郊外延伸。迄今为止，全港已划定 24 个郊野公园，另有 17 个特别地区，4 个海岸公园和 1 个海岸保护区，总占地 $46669hm^2$，并通过完善的法律体系和细致的管理工作为香港约 4 成的土地提供保护，作为自然保育、教育、康乐、旅游和科研的用途 ❸。

3.3.3　定义和划定依据

（1）定义

国内对城市增长边界的研究尚处于起步阶段，目前学术界比较认可的，关于城市空间增长边界的定义，是指城市建设用地和非建设用地的分界线，是控

---

❶ 资料来源：林肯土地政策研究所，2003.

❷ 资料来源：张润朋，周春山.美国城市增长边界研究进展与述评[J].规划师，2010，11.

❸ 资料来源：石崧，凌莉，乐芸.香港郊野公园规划建设经验借鉴及启示[J].上海城市规划，2013，05.

制城市无序蔓延，引导城市合理增长的一种技术手段和政策措施，也是城市在一定时期进行空间拓展的边界线。

（2）划定依据

研究城市空间增长边界应重点协调两个方面的内容，一是要平衡生态保护与城市发展的关系；二是要树立底线思维和弹性思维，平衡管控力度，区分刚性管控和弹性引导的内容。它既可以是保护城市所处区域内的自然资源和生态环境的"刚性"边界，也可以是合理引导城市增长和土地开发的"弹性"边界。

确定城市空间增长边界，也应基于保护与发展两个方面的因素。从生态环境保护角度来看，应确定明确的城市建设边界，保护自然资源和生态敏感区等非建设用地，保护乡村和基本农田，保护生态环境等。从城市合理发展角度来看，城市增长边界的划定应能满足人口增长所带来的住房和就业需求；关注开发活动对环境、能源、经济的影响；引导城市精明增长、从而更加紧凑地发展；同时针对未来发展的不确定性，预留弹性发展空间等。

（3）面临的主要问题

目前关于城市空间增长边界的划定，尚有很多问题和争论，主要有以下几个方面。

第一，地区发展差异较大，城市增长难以预期

在大力推进新型城镇化的当下，我国的经济发展进入新常态，城市增长速度也有别于改革开放前 30 年。影响城市规模预测的因素更加复杂和多元，城市增长更加难以预期。城市空间增长边界的划定，一定要避免简单化的"空间界限、指标思维"模式，需要深入研究我国城市空间增长阶段特征和内在规律，为城市良性健康的可持续发展奠定坚实的基础。

同时，我国东、中、西部发展阶段不同，发展差异巨大。按照国家主体功能区划，我国划分为优化开发区域、重点开发区域、限制开发区域和禁止开发区域，各个地区的发展要求、发展重点、发展速度不尽相同。另外，我国幅员辽阔，不同地区自然条件差异也比较大，平原地区、丘陵地区、山区、高原地区、荒漠化地区在资源环境承载能力、影响城市空间增长边界划定的因素方面，也同样差异巨大，需要具体情况具体地分析研究。

第二，管控力度难以把握，管控效果尚待检验

目前，学术界关于空间增长边界尚存在争论：有没有期限？是阶段性的划定还是永久划定？可不可以调整？划多大合适，是按照城市发展终极规模划定，还是按照具体期限和发展阶段来划？等。

城市空间增长边界划定的难点，也恰恰集中在管控力度的把握。刚性管控要求相对容易，弹性引导和适应难度较大。管控得过于严格，会影响城市的发展，边界需要不断调整，随意性较大；管控得过于宽松，对城市发展的约束能力有限，不利于土地资源的集约节约利用。目前，城市空间增长边界的划定在我国刚刚起步，各地正在探索相应的技术路线并积累经验，未来的管控效果尚待时间的检验。

第三，部门协调与政策协同的难度较大

城市空间增长边界划定的根本目的是限制城市的野蛮增长和无序扩张，制

约地方政府的开发冲动和对土地财政的依赖，进而实现新常态下的转型发展。显然，城市空间增长边界的划定不单纯是一项技术工作，更多带有政策的组合性，涉及政策引导、发展方式的转变，人们对资源和环境保护的重视等。我国城市空间增长边界划定的工作，也涉及多个部门，包括建设、国土、环境、农业、林业等多个部门的协调管控。

同时，作为一项公共政策，边界如何划定也涉及各级政府的权力博弈和事权划分，需要政策层面的协同。应区别对待中央、省、地方等各级政府的关注重点，基于底线思维，与各级政府的事权相对应，把关键性、共识性、已确认需要严格保护的资源和环境要素牢牢把控起来，进而在不同层面的规划中加以确认。

3.3.4 划定方法及经验借鉴

目前，国内外研究城市空间增长边界的方法有很多种，归纳起来主要是两类。第一类是非建设用地控制导向的研究方法，核心思路是从保护的角度出发，研究城市、区域中必须要加以保护的生态敏感地区、水源、基本农田等要素，形成倒逼机制。第二类是建设用地发展导向型的研究方法，核心思路是从发展的角度来合理预测城市未来的增长趋势，以及未来需要预留的弹性空间（图3-3-4）❶。下文选择有代表性的划定方法及案例进行具体介绍。

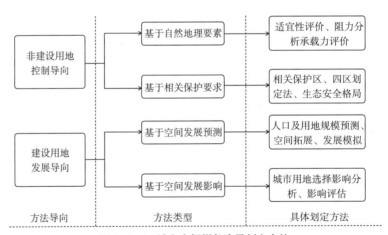

图3-3-4 城市空间增长边界划定方法

（1）非建设用地控制导向

A. 用地适宜性评价法

用地适宜性评价是划定城市用地是否适合城市开发建设的基础。根据土地的自然属性如高程、坡度等，研究土地对预定用途的适宜与否、适宜程度及其限制状况。明确哪些地方是能够建设的，哪些地方是经过一定的工程处理可以建设的，哪些地方是不能够建设的，为选择未来城市发展空间提供相应依据（图3-3-5）。

❶ 资料来源：张振广.城市增长边界划定方法研究 [D].上海：同济大学，2013.

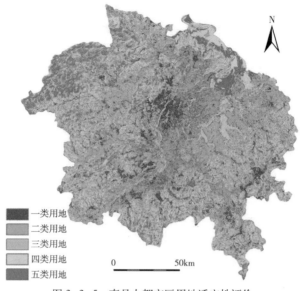

一类用地
二类用地
三类用地
四类用地
五类用地

0   50km

图 3-3-5　南昌大都市区用地适宜性评价

B. 城市承载力评价法

城市承载力是指特定时期和目标下，城市资源禀赋、生态环境、基础设施和公共服务对城市人口及经济社会活动的承载能力。相对于用地适宜性评价法，城市承载力的评价法不仅研究土地资源，还要研究城市其他的资源禀赋，进行综合评价。依据评价范围内各地块的承载力分级，选取具有较高承载力的地区作为相对适宜城市发展的空间，并由此划定城市增长边界（图 3-3-6）。

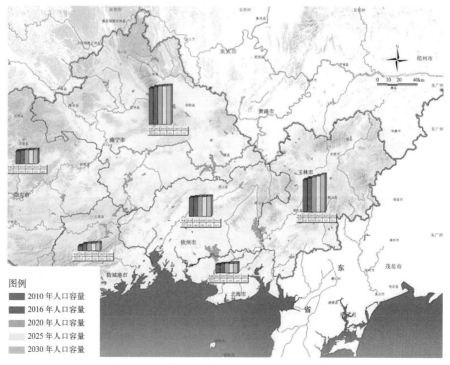

图例
2010 年人口容量
2016 年人口容量
2020 年人口容量
2025 年人口容量
2030 年人口容量

图 3-3-6　北部湾经济区城镇群规划生态容量分析

C. 相关保护法

这种划定方法除了对自然条件的分析，还包括风景名胜区、自然保护区、水源地、基本农田等要素，多为明确需要保护的区域。这些保护区域是城市非建设用地的重要内容，相关保护要求下的各类要素综合起来，可以构成部分城市空间增长边界。

深圳于 2005 年颁布的《基本生态控制线的管理规定》，借鉴了香港的研究方法，首先划定城市内不可建设的区域，划定范围包括：一级水源保护区、风景名胜区、自然保护区、集中成片的基本农田保护区、森林及郊野公园；坡度大于 25% 的山地以及特区内海拔超过 50m、特区外海拔超过 80m 的高地；主干河流、水库及湿地；维护生态完整性的生态廊道和绿地；岛屿和具有生态保护价值的海滨陆域；其他需要进行基本生态控制的区域（图 3-3-7）。

武汉在 2012 年也开展了相应的研究工作，制定了武汉基本生态控制线。武汉除了划定生态底线区以外，还将一些比较重要的生态敏感地区，有可能具有一定的开发建设需求的区域，划定成为生态发展区。在满足项目准入前提下，允许进行适当的、低密度的开发建设，增强了生态管控的可实施性（图 3-3-8）。

D. 四区划定法

四区划定法是结合四区划定在我国法律法规体系下的明确要求而进行，以此划定的增长边界实际上是对保护范围的整合与约束。四区划定法按照各种要素资源的综合评定，把城市区域内的用地划分成禁止建设区、限制建设区、适宜建设区和已建设区。禁建区和限建区是刚性增长边界划定的主要依据，适建区和已建区是弹性增长边界划定的基础。在北京规划实践过程中，就是采用了限建区和禁建区的做法来控制城市增长边界（图 3-3-9）。

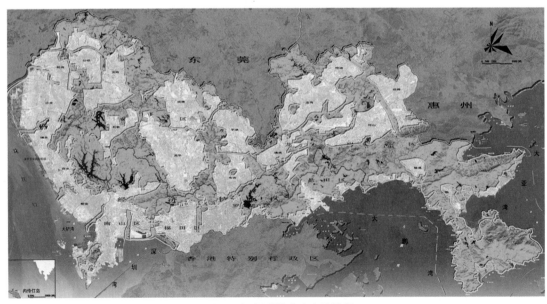

图 3-3-7　深圳基本生态线控制

图 3-3-8 武汉基本生态
线控制

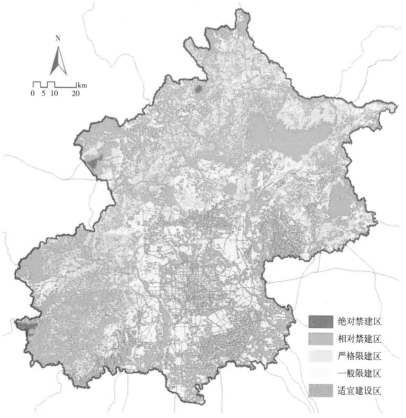

絶对禁建区
相对禁建区
严格限建区
一般限建区
适宜建设区

图 3-3-9 北京限建区规划

（2）建设用地发展导向法

A. 城市空间发展模拟法

城市空间发展模拟法主要是基于约束性元胞自动机（CA 模型）来制定城市空间增长边界，是结合约束要素模拟城市扩张的重要方法。一般流程为：首先根据具体的城市特点，设置模型的环境变量、空间变量及相应系数，并基于宏观社会经济条件计算 stepnum 参数，在 CA 环境中计算土地利用适宜性、全局概率和最终概率等变量，最后在 Allocation（空间定位）过程中进行最终概率最大的 stepnum 个元胞的空间识别，完成一个 CA 离散时间的模拟。根据模拟的目标时间，确定循环次数，CA 模型不断循环，最终完成整个模拟过程（图 3-3-10）。

B. 发展影响评估法

发展影响评估法主要是针对不同规划方案，综合评定其对城市相关要素产生的影响范围与大小，比较选择最优城市空间增长边界方案。在上海总体规划研究中，考虑城市未来发展的不同趋势，设定三种空间方案。第一种是边缘承载型，城市沿着现有的环线蔓延式增长；第二种是外围承载型，即在中心城区发展的基础上，外围选择若干个重点地区，像嘉定、松江、临港新城，培育作为副中心，进行重点发展；第三种是定向承载型，未来沿着上海往苏州、杭州等发展轴线，培育若干的城镇和发展地带。针对以上三种空间方案，预估不

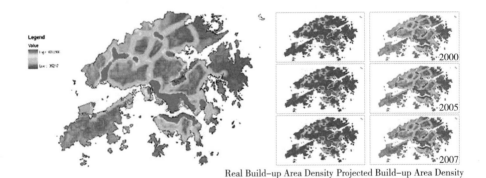

Real Build-up Area Density　Projected Build-up Area Density

图 3-3-10　2011 年香港城市增长 CA 模拟

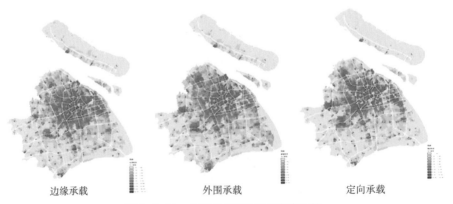

边缘承载　　　　　　　外围承载　　　　　　　定向承载

图 3-3-11　上海市多情景规划方案比较

同方案的城市增长对土地利用、交通组织、生态环境、公众支持度等因素的影响程度，从而确定最优方案，对未来可能的城市增长空间加以控制和预留（图 3-3-11）。

C. 市场监测修正法

市场监测修正法是根据市场动态监测及城市发展的不同情况，适时调整城市增长边界。调整方式有两种：第一，只考虑时间驱动系统的作用，不管城市增长率的大小和边界内可供开发土地的多少，城市边界都按规划中预先确定的时间间隔（如俄勒冈州为 4～7 年）进行调整。第二，只考虑事件驱动系统的作用，即不论时间间隔的长短，当边界内可供开发土地总量达到规划中预先设定的阈值时，都要调整边界。如波特兰都市区的城市增长边界自 1980 年以来，共调整了 30 多次，即以此种方法为主 ❶。

3.3.5 小结

城市空间增长边界的研究和划定，是当前城市总体规划编制的一项重要内容。在新型城镇化的发展背景下，对于保护生态环境和资源、引导城市科学合理的发展、防止城市无序蔓延，具有重要意义。

城市空间增长边界的划定，从理念和内容上来说，是处理好保护与发展的关系；从控制手段上来说，是处理好刚性控制和弹性引导的关系；从实质内涵来说，是协调多方管理、多元利益和建立有效的管控模式。

城市空间增长边界的划定方法有很多种，基本上可以分为两类。一类是非建设用地控制导向，侧重于保护的角度，划定城市必须保护或不得发展的刚性界限和范围；二类是建设用地控制导向，侧重于发展的角度，划定城市适宜发展或预留的弹性界限和范围。各城市应根据自身情况采用适合的方法。

■ 本章主要参考文献

[1] 《城市规划编制办法》（2006.4.1 施行）.

[2] 段德罡，芦守义，田涛 . 城市空间增长边界（UGB）体系构建初探 [J]. 规划师，2009，25（8）：11-14.

[3] 段进 . 城市空间发展论 [M]. 南京：江苏科学技术出版社，2006.

[4] 郭素君，姜球林 . 城市公共设施空间布局规划的理念与方法——新加坡经验及深圳市光明新区的实践 [J]. 规划师，2010，26（4）：5-11.

[5] 黄雨薇 . 英国绿带政策形成、发展及其启示 [D]. 武汉：华中科技大学，2012.

[6] 李善同，李华香 . 城市服务行业分布格局特征及演变趋势研究 [J]. 产业经济研究，2014，（5）：1-10.

[7] 沈山，秦萧 . 国外城市服务边界研究进展及启示 [J]. 城市与区域规划研究，2012（2）：148-158.

❶ 数据来源：波特兰大都市区机构，METRO.

[8] 石崧,凌莉,乐芸 . 香港郊野公园规划建设经验借鉴及启示 [J]. 上海城市规划,2013(5): 62-68.

[9] 陶松龄,张尚武 . 现代城市功能与结构 [M]. 北京:中国建筑工业出版社,2014.

[10] 王凯,徐颖 .《城市用地分类与规划建设用地标准(GB 50137-2011)》问题解答(一)[J]. 城市规划,2012(4):69-70.

[11] 王凯,徐颖 .《城市用地分类与规划建设用地标准(GB 50137-2011)》问题解答(二)[J]. 城市规划,2012(5):79-83.

[12] 王凯,徐颖 .《城市用地分类与规划建设用地标准(GB 50137-2011)》问题解答(三)[J]. 城市规划,2012(6):66-66.

[13] 吴志强,李德华 . 城市规划原理 [M].4 版 . 北京:中国建筑工业出版社,2010.

[14] 杨俊宴,史宜,邓达荣 . 城市公共设施布局的空间适宜性评价研究——南京滨江新城的探索 [J]. 规划师,2010,26(4):19-24.

[15] 张兵,林永新,刘宛,等 . "城市开发边界"政策与国家的空间治理 [J]. 城市规划学刊,2014,(3).

[16] 张京祥 . 城镇群体空间组合 [M]. 南京:东南大学出版社,2000.

[17] 张润朋,周春山 . 美国城市增长边界研究进展与述评 [J]. 规划师,2010,26(11):89-96.

[18] 张振广 . 城市增长边界划定方法研究 [D]. 上海:同济大学,2013.

[19] 赵勇 . 城市化进程中的城市公共设施建设管理问题研究 [J]. 经济研究导刊,2011(5):54-57.

4 城市综合交通和专项规划

4.1 城市综合交通规划

4.1.1 城市发展与交通

在教学阶段，我们城市总体规划教学一般都是针对一个真实城市的案例，因为我们的时间有限，不可能选择很大规模的城市作为案例。从多年的经验来看，城市不论大小，在其发展过程当中，如果我们没有对城市交通问题做综合的考虑，以后再进行补救，相对来说比较困难。哪怕是一个中等城市，或者是一个小城市，在它的发展过程当中，我们必须对于交通问题做一个比较系统的、全面的认识和研究。这样当这个城市以后能够发展成规模比较大，或者依然是一个中等城市，人们在这里工作、生活还是比较方便的，对环境的影响也比较小的。

首先，为什么城市必然会与交通问题连接起来呢？图4-1-1所示的一种布局状态是人们的工作和居住都在一起，但是这样所带来的问题就是城市的聚集性会很差。人们的选择性也会很差，这样的一种发展模式，实际上与城市效率提高是有一定矛盾的地方。如果一个城市要更加有活力，或者能够发展得更加有竞争力，一定是有不同功能区间的联系。关键的问题是我们怎么组织这样

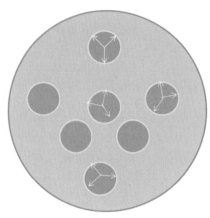

图 4-1-1 孤立的发展模式

的联系，这样既有城市的效率，又不至于对环境产生很大的影响，避免人们过度通勤的问题。

我们研究一下城市的网络结构。一个城市的网络结构是复杂的，其中，就像一棵树，存在着所谓的干和支的关系。但是如果完全按照这样的结构理解，与我们的城市运行实际上还是有差别的。"干、支"型结构在理解公路网或者区域网络之间的联系，相对来说解释得会比较好一点。如果我们解释一个城区的网络，这样的结构还是不够的。我们观察一下一片树叶，这里就看不到主、次、支，这么明显的分割。它们之间是相互依赖，相互依存的。这样的一种空间，可以更加密实，网络的稳定性和可靠性也更好。在城市的很多方面，不仅仅是一个树枝的结构，树叶的模式也可以比较好的解释城市空间结构和网络之间的关系，城市的网络也是由周边的用地性质所决定的。

通过一些城市的案例，我们会发现，如果我们只是用干、支的结构，城市交通会有很大的不适应性，城市规划当中要注意到这点。在城市的内部之间，我们可以看到这些网络的密度和我们组团之间的关系，如果我们是一个比较密集的发展，我们就希望网络的密度相对比较高，有利于人们可以在这里有更多的选择性（图4-1-2）。

图 4-1-2 某城市的网络结构

4.1.2 城市交通问题分析

在编制城市规划当中有几个问题必须考虑：第一，如何分析交通。目前产生问题的原因到底是容量不够，网络的密度不够，还是我们的管理比较差，还是公共交通系统的建设或者非机动车的发展，或者停车等的问题。这样有利于我们找到一个更加合适的战略，同时，我们还必须考虑未来可能的挑战是什么？这样的一种挑战，可能是现在发展的一种趋势，也可能是在未来发展过程当中会出现的一些由于新的规划所产生的一些问题，我们必须在城市总体规划的阶段，对可能产生的问题做一些比较战略性的思考。当未来发展到一定程度的时候，我们有较好的应对措施。

第二，道路网络如何布置？道路网络的布置和土地使用关系会比较密切。如果我们是一个工业区，如果我们是一个物流仓储区就会发现，道路网络要有直接的对外交通联系，或者对外公路的联系，或者对于对外联系公路本身会有一些要求。

第三，道路的分类，道路断面的构成。道路的空间到底如何使用？它也跟我们所确定的对于城市不同地区的发展策略，有很大的关系。我们从树叶结构来看城市交通系统的构成，跟从干支结构看系统构成可以有所不一样。在中、小城市，我们必须非常重视非机动化的交通方式，非机动化的方式在中国以前是高度发展的。由于有一段时间，我们比较重视机动化的交通，导致非机动车或者非机动化的方式，甚至包括步行都变成非常困难。如果一个城市，连人们走路都变得很困难，这个城市的特色与活力是很难体现的。

第四，土地使用混合，如果我们没有提供近距离里各种发展的机会，所带来的交通问题会更加严重。在这方面，土地使用的混合，在总体规划里面怎么体现，也是我们需要考虑的。土地使用的混合在一定程度有利于人们采用非机动化的交通方式。土地使用混合要处理好居住和工业区之间的就业和居住的关系。在一般的情况下，工业区就业岗位的强度或者就业岗位的密度相对来说并不是这么大，能够提供的就业岗位有限。第三产业或者服务业方面，就业岗位的强度相对来说比较大一点。城市的不同经济活动，本身也有自己一定的空间聚集需求。如何在满足这种经济活动本身的空间聚集需求前提下，又最大限度减少长距离的出行，是我们必须要考虑的。一个能够尽可能实现该要求的城市，将非常有效率和竞争力。

4.1.3 非机动化交通

非机动车的交通量曾经非常大，今天很多城市既有公共交通，又有小汽车的汽车交通，当然非机动化的总量可能会有所减少。但是我们也必须考虑非机动化交通连续安全使用的网络系统，其中也包括停车的使用。我国以前"三块板"的道路结构还是比较适合当时中国发展的状况的，很多人是必须依赖于非机动车的，而且在建设能力有限的情况下，我们要建设机动车专用通道也有一定的困难。

今天我们看到很多非机动车的道路，特别是一些"三块板"道路被机动车停车所占据，这个问题是比较严重的。除此之外，在其他道路上，应该给非机动车，包括人们的步行，提供一个比较连续的、舒适的、安全的使用环境或者

空间。这样就可以避免人们不必要的依赖小汽车的交通选择。在很多城市，虽然人们已经有了小汽车，为了更加准时，更加灵活，也有很多人转向非机动化的方式或电动自行车的方式，这说明了慢速交通的重要性。

电动自行车的灵活性、方便性效率是非常明显的。一个主要的问题，就是电动自行车可能会有一些安全的问题，对于这个问题的解决取决于我们如何有效地管理。如果我们管理得更有效，这种方式在中国城市未来发展的比较长时间内，还是比较有效的一种工具。

4.1.4 公共交通

在很多城市，我们提出来公共交通优先的策略或者要支持公共交通的发展。在总体规划当中，我们如何体现？第一点就是公共交通的走廊如何对土地使用的开发起到一定的支撑作用。在几个重要的城市功能区或者城市重要的中心之间，公共交通的联系是不是可以建得比较方便。同时，我们还应当从公共交通运行更有效的角度，来看看土地使用如何调整，才能使得我们布置公共交通的网络，相对来说比较容易（图4-1-3）。

在一些新区的建设过程当中，由于对于公共交通如何更有效地发挥它的作用，缺乏考虑。它的开发模式或者建设模式是非常散布的，而这样一种非常散布的模式使得公共交通非常难以组织。在这种情况下要体现公交优先或者支持公交优先，就会非常困难。

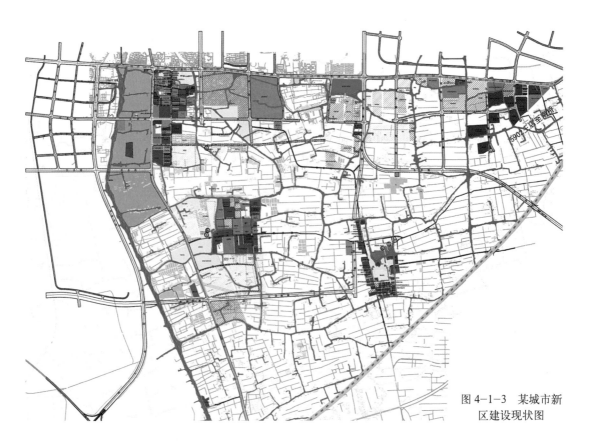

图 4-1-3 某城市新区建设现状图

因此，我们必须在城市布局或者城市布局方案确定的时候，首先考虑公共交通是如何优先的，特别是一些干线的公交走廊，必须有足够的优先。对于一些中、小城市，如果公共交通仅在城区范围内，作用会比较有限。如果我们能够把公交的线网和一些重点镇以及周边城市，周边地区的发展结合起来考虑，这样相对来说公共交通活动的范围就可以扩大。而这样的范围里面，往往非机动化的方式，相对来说有一定的难度。在这里给他提供一个比较好的公共交通方式，有利于城乡之间、城区与重点镇之间，通过公共交通的方式来解决他们之间的交通联系。

公共交通的建设还有它本身很多需要解决的问题。比如场站设施，在规划当中如果没有考虑的话，可能会使得以后的公共交通运行起来困难比较大。又比如说究竟是采用港湾式的停靠站还是普通的一些停靠站，都取决于公共交通车辆的多少。如果一个地方，人流量是非常大的，仅仅靠路边的停车可能是有一定困难的，容量是有限的。必须采取路外的停车措施，这样的话在一些城市的中心地区，在一些交通的枢纽和节点地区，就必须考虑有更多的公交线路在这里汇聚的可能性，这样能够使得我们公交运行起来的困难相对小一点。

4.1.5 网络布局

关于城市网络的建设，我们可以从图 4-1-4 上看到。假定有 A、B、C、D 四个不同的区域，我们通过一个网络连接起来。比较简单的方法就是图中的方法，这样当我们看到交通量很大的时候，最直接的想法可能就是看看能不能扩大一下主干通道的容量，这样的措施是不是最有效的？其实未必。我们需要分析一下，城市不同功能组团之间的联系要求，比如说当从 C 到 D 的流量比较大的时候，也可能是从 A 到 B 的联系比较多。这个时候我们所要做的事情，就是如何改善 A 和 B 之间的联系。因为这样一来，我们既可以减少主要通道上的负荷，又给 A 到 D 的联系提供了另外的途径。

图 4-1-4 表明，对于这种问题，我们必须对于流量和流向进行一定的分析。但是在总体规划阶段，要做一个详细的分析相对来说是有一定的难度的。我们可以进行一些估计，根据已有一些城市的状况，对于未来的发展做一些基本的判断。分析一个城市空间的发展和未来的发展要求之间的矛盾。有许多城市在发展过程中除了中心城区之外，外部地区的发展或者外部交通对它发展的影响也很大，比如外部工业区的建设和区域性对外交通的建设，都会对城市的交通组织有一定的影响。不论是内部道路的使用、组团之间的联系、对外联系之间的交通问题，必须加以认真分析。比如在几个不同的组团之间，我们希望有不同的功能组团在一定范围内发展。这种发展是需要有联系还是不需要有联系？这种不同的发展，到底是对外交通对它的作用大还是内部交通对它的作用大？这些问题首先要做一个基本的思考。在这种情况下，我们可以对建立一些联系通道的可能性进行分析。在此基础上，我们可以提出一些不同的空间和交通发展策略。当然这种策略仍然是非常概念化的，在这种概念化的基础上，我们可以进一步深化，看一下通过哪些

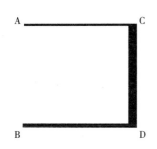

图 4-1-4 网络与交通流
（图中线条粗细代表流量的大小）

通道、哪些网络、哪些连接，可以实现我们前面一些概念化的考虑。

几个不同的城市组团之间的连接，是应该选择快速路的连接方式，还是用公共交通的模式，这也是我们需要考虑的。如果我们仅考虑快速路的连接，城市的交通网络结构对于城市空间的隔离会非常严重。我们必须首先考虑公共交通网络建立的可能，在此基础上进行城市快速路的规划建设。

4.1.6　对外交通

规划中必须充分考虑城市对外交通功能的衔接。作为一个小城市或者一个中等城市，城市的发展与城市对外交通之间的关系非常密切。问题是很多城市对外交通和城市内部交通混杂，严重降低了城市空间的质量，又产生了严重的干扰。如何利用对外交通所能够带来的发展机遇，同时能够避免对外交通对我们所产生的一些不利影响，是我们必须考虑的。

除此之外，一些公交枢纽的建设，以及这些公交枢纽同组团之间的关系，也是必须考虑的重要问题。我们看到，这是一个典型的对外交通和城市功能之间的关系。如果道路交通量很大，我们周边又有很大的发展，就会有很多问题。这个时候，把一些道路对外交通从这里延伸出去，拉出去或者通过一些对外交通道路的建设，缓解过境交通对它的压力，这样对于城市来讲，相对来说比较好一点。

有些对外交通的设施对城市的拉动作用会很大，但是有些不一定像我们想象的那么大。如许多城市的火车站建设可以带动周边地区的发展，由于车站离城市距离比较远，火车的班次又比较少，相对来说其带动作用就比较有限。所以，我们要考虑这些对外交通设施与城市内部网络的整合，从而更好地发挥网络的联动作用。

最后，交通方式的转变，是实现一个城市环境质量提高的非常重要的一个因素。1960年代以公交车为主导的时代，跟今天的环境是完全两样的。就公共交通发展而言，我们要对公交主要的一些网络和公交使用可能产生的问题及早考虑，如由于公交本身容量有限所产生拥挤的问题和人们要求较高的出行环境质量的矛盾，会随城市人口规模的扩展更加突出。在早高峰时间，公交车本身就非常拥挤，如果还是用普通的公交车，就很难提升城市的交通环境质量。我们必须考虑，公共交通品质的提升与容量能力的提升，这样才能够进一步改善城市交通问题。我们可以看到，城市交通是一个相互联系的系统问题。我们应该把城市的发展、城市功能布局、城市环境质量的提高和城市一些历史街区的保护，与交通问题同时进行考虑，这样才可以有利于我们找到一个更好解决的方案。如果相互分离，只会导致问题变得更加复杂。

4.2　城市市政工程系统规划

城市总体规划中的城市市政工程系统规划，包括城市的给水排水、能源、通信、环卫等方面的专项规划，涉及的内容多，对城市发展的影响很大，是城市总体规划中必须认真研究的内容。

4.2.1 规划准备

在对现状进行充分调研的基础上，进行市政工程系统规划前，应做好充分的准备工作。首先是了解城市的发展和规划的情况，包括经济社会发展计划，以及本规划方案编制过程中的一些关键性问题和判断，比如城市发展方向、城市空间结构等，知道了整体的情况，才能对局部的专项发展做出正确的判断；其次是全面了解城市市政工程各系统发展的历史、现状和各部门规划、计划，熟悉现状基础资料和相关规划内容；第三，做一些市政工程规划相关法规规范以及其他方面的知识准备。

4.2.2 规划理念

根据近年来市政工程系统规划领域的发展趋势，以及城市总体规划领域出现的一些发展和变化趋势，在总体规划中的市政工程系统规划，主要应该体现的规划理念有以下几点：一是动态发展的理念，市政工程发展要满足区域和城市发展各个阶段的要求；二是节约适用的理念，同节水、节能、减排的要求相吻合，并且符合当地的经济、社会条件；三是生态环保的理念，在规划中突出生态和环保的要求；四是安全可靠的理念，城市市政工程各系统是最需要安全保障的系统，应该可以应对各种主要的城市灾害威胁。

4.2.3 规划原则

总规中的城市市政工程专项规划，应坚持的原则有三点，即因地制宜、综合协调、全面合理。因地制宜，就是规划要与当地的实际情况紧密结合起来，要做出特点，能够解决当地的实际问题；综合协调，就是处理好局部和整体、局部和具体，各个系统之间的关系，使市政工程成为整个规划有机的组成部分；全面合理，就是规划要符合各个单项基础设施发展的规律，要符合我们相关城市规划编制办法的一些要求，符合相关的法律法规和规范标准。

4.2.4 规划目标

总规的市政工程规划，应达成以下主要目标：一是规划的市政工程系统本身的结构合理，能够满足城市发展的要求；二是各个系统和城市整体之间，系统和系统之间能够有机组合，不存在矛盾，而且能够相互支撑；三是各项重大基础设施、廊道的空间有保障，不会出现设施、廊道不能落地的情况；四是规划既体现了一些高技术和新工艺的一些要求，体现了前瞻性，又能够在经济成本受控的前提下运用技术方案解决一些现实问题，具有较强的可操作性。

4.2.5 规划任务

当前的城市总体规划中，城市市政工程规划的任务，可以分为基本任务和拓展任务。所谓的基本任务，就是"选质定量、选点定源、选制定网"。"选质定量"就是解决供给和需求的问题，即选用什么类型的水、电、气、热，所需要的量是多少；"选点定源"是解决关键设施的布局问题，要考虑各种设施，如水厂、

污水厂、变电站、热电厂、燃气厂等重要的基础设施，根据它们的服务范围和影响范围，进行合理的选址和布局；"选制定网"是考虑供应、排放和服务的网络，采用的系统形制、主要管线走向等技术方案。解决了上述问题，就可以基本解决城市基础设施硬件系统的关键问题，达成市政工程规划的主要任务。

作为城市总体规划的一个部分，市政工程规划不仅仅要满足于完成基本任务，还应该完成一些拓展任务。所谓的拓展任务包括以下几个方面的内容。

(1) 资源、环境容量的分析和论证

该任务是在总体规划编制的启动阶段完成的前提性专题研究，主要是论证水资源、水环境能不能满足规划的城市发展规模需要，有时候还要考虑城市能源供给能力与城市规模之间的关系。这些问题对于城市规模的确定，城市产业结构的调整，都有很大的影响。

(2) 城市市政工程系统的安全性分析与论证

城市是一个高度复杂的巨系统，但是也是相当脆弱的系统。很多城市的市政工程都是城市的生命线，比如说供水、供电、通信等。这几个系统一旦出现问题，城市的安全就失去了保障。有一些设施，对周边地区又有比较大的安全影响，比如燃气厂、液化气储备站，各种燃气管线。因此基础设施一方面要保障自身的安全，另外一方面要保障整个城市安全供给，需要安全布局，需要备用应急，需要划设专门的防护空间进行保障。该任务可以体现为方案论证阶段进行的专题研究。

(3) 市政工程系统新技术、新工艺在总规中的应用

市政工程领域一些系统的技术工艺的发展变化很快，如移动通信技术，2 ～ 3 年就可能换一代，规划方面的要求也会产生变化；再如为应对新能源和可再生能源设施的推广，在规划中就要考虑太阳能电站、风电厂设施的布局；又如中小型的分布式能源设施的使用，可能会影响一些原有的大型能源设施的供给系统组构方式；在环卫领域，垃圾资源化处理技术工艺方面的一些革新，将导致单纯的垃圾收集处理发生改变，进入到循环经济组织中去，成为城市的一项重要产业；排水中对雨洪管理和低影响开发（LID）理念的应用，会导致整个城市的排水方式和排水量产生较大变化，《海绵城市建设技术指南》出台，正是体现了这种变化趋势。

因此，在展望未来的总体规划中，仅以现状技术工艺为背景进行规划是不够的，还要对新技术、新工艺有一定的敏感性，对这些技术工艺在城市未来使用的前景有一定的预见性，这样才能体现规划的前瞻性。

(4) 提出问题导向的近期建设方案

总体规划展望长远，规划期一般是 15 ～ 20 年，但是也包含了近期建设规划的一些内容。在考虑市政工程长远发展方案的时候，也要考虑其近期可操作性，要考虑一些过渡性的方案，要解决一些现实中非常紧迫的问题。

4.2.6　规划内容深度

总体规划中的市政工程规划的内容，一般要覆盖三个层面、四大系统。三个层面，指的是市县域、规划区、中心城区，各项市政工程规划，一般都要提出在这三个层面的规划方案;当然,如果已经单独编制市(县)域城镇(村镇)体系规划,则城市总体规划中可以专注于规划区、中心城区的市政工程规划内容。四大系统指的是能源、水、通信和环卫系统,其中各系统又包括一些子系统,如能源系统又包括了供电、供气、供热等子系统,水系统又包括了给水、排水子系统,通信系统包括了邮政、通信、广播电视和互联网基础设施等子系统。规划对于这些子系统的内容可以有侧重,但是不能遗漏。

总规中各市政工程子系统在中心城区层面的规划内容和主要图纸为:

(1) 给水工程系统

A. 主要内容

1)确定城市用水标准,预测城市总用水量;

2)平衡供需水量,选择水源,进行城市水源规划;

3)确定给水系统的形式、水厂供水能力和用地范围;

4)布局供水重要设施、输配水干管、输水管网;

5)制定水源保护和水源地卫生防护措施。

B. 主要图纸

1)城市给水工程系统现状图:表达城市现状给水设施的布局和干线管网布局的情况;

2)城市给水工程系统规划图:表达规划期末城市给水水源、给水设施的位置、规模、输配水干线管网布局、管径。如果城市有中水系统,则可以在给水工程系统规划图中一并表达,或专门绘制中水系统规划图。

(2) 排水工程系统

A. 主要内容

1)确定排水体制;

2)划分排水区域,估算雨水、污水总量,制定城市不同地区污水处理排放标准;

3)进行排水管、渠系统规划布局,确定水闸雨水、污水主要泵站数量、位置;

4)确定污水处理厂数量、规模、处理等级以及用地范围;

5)确定排水干管、渠的走向和出口位置;

6)提出污水综合治理利用措施。

B. 主要图纸

1)城市排水工程系统现状图:表示现状城市排水系统的布置和主要设施、管网情况。

2)城市排水工程系统规划图:表示规划期末城市排水设施的位置、用地,排水干管的布置、走向、出口位置等。

如果雨水、污水两个子系统的规划内容较多,在一张图上表达不清的话,可以分别绘制雨水、污水工程系统现状图和规划图。

(3) 供电工程系统

A. 主要内容

1)确定城市供电标准,预测城市供电负荷;

2)选择城市供电电源,进行城市供电电源规划;

3）确定城市供电电压等级和变电设施容量、数量，进行变电设施布局；

4）布局城市高压送电网和高压走廊；

5）提出城市高压配电网规划原则；

6）制订城市供电设施保护措施。

B．主要图纸

1）城市供电工程系统现状图：电网系统较复杂的城市，要绘制 35kV 及以上的电力设施和电网现状图；电网系统比较简单的城市，一般需绘制 10kV 及以上电压等级的电力设施和电网系统现状图。

2）城市供电工程系统规划图：表示电源、高压变电设施位置和容量、高压网络布局和线路走向、敷设方式、电压等级、高压走廊用地范围。

（4）供气工程系统总体规划内容深度

A．主要内容

1）确定供热对象和供气标准，预测城市燃气负荷；

2）选择城市气源种类，进行城市燃气气源规划；

3）确定城市气源设施和储配设施的容量数量和位置；

4）选择城市燃气输配管网的压力级制；

5）布局城市输气干管网；

6）制订城市燃气设施的保护措施。

B．主要图纸

1）城市供气工程系统现状图：主要反映城市现状燃气输配设施的布局和主干管网布局情况。

2）城市供气工程系统规划图：主要反映规划期末城市燃气气源输配设施的位置、容量和用地范围，以及输气干线管网布局。

（5）供热工程系统

A．主要内容

1）确定城市供热对象和供热标准，预测城市供热负荷；

2）选择城市热源和供热方式；

3）确定热源设施的供热能力、数量和布局；

4）布局城市供热设施和供热干管网；

5）制定城市供热设施保护措施。

B．主要图纸

1）城市供热工程系统现状图。主要反映城市现状集中供热设施布局和干管网布局情况。现状无集中供热的区域，应反映现有分散热源的分布。

2）城市供热工程系统规划图。主要反映规划期末城市集中供热的热源，供热输配设施的容量、位置和用地状况。

（6）通信工程系统

A．主要内容

1）预测城市近、远期通信需求量，预测与确定城市近、远期固定电话、移动电话普及率和局所装机容量，确定邮政、电话、移动通信、广播、电视等发展目标和规模；

2）提出城市通信规划的原则及其主要技术措施。

3）确定城市固定、移动电话局所和主干线路的布局；

4）确定城市长途通信线路的走向和保护措施；

5）确定邮政局所的规模、布局；

6）确定广播和电视台站的规模和布局，进行有线广播、有线电视网的主干路规划和管道规划；

7）划分无线电收发信区，制定相应主要保护措施；

8）确定城市微波通道，制定相应的控制保护措施。

B．主要图纸

1）城市通信工程系统现状图：表示城市现状的邮政和电信局所、广播电台、电视台、卫星接收站、微波通信站等设施，通信线路、微波通道位置等。通信种类多、复杂的城市可按邮政、电话、广播电视、无线电通信等专项分别绘制现状图。通信种类少而简单的城市，可将城市通信现状图与城市总体规划中其他专业工程现状图合并，同在城市基础设施现状图上表示。

2）城市通信系统总体规划图：表示城市邮政枢纽、邮政局所、电话局所、广播电台、电视台、广播电视制作中心、电视差转台、卫星通信接收站、微波站及其他通信设施等的规划位置和用地范围，无线电收发讯区位置和保护范围，电话、有线广播、有线电视及其他通信线路干线规划走向和敷设方式，微波通道位置宽度和高度控制。

（7）环境卫生工程系统

A．主要内容

1）测算城市废物量，分析其组成和发展趋势，提出污染控制目标；

2）确定城市废物的收运方案；

3）选择城市废物处理和处置方法；

4）布局各类环境卫生设施，确定服务范围、设置规模和标准、运作方式、用地指标等。

B．主要图纸

1）城市环境卫生工程系统现状图：反映主要的环境卫生设施现状布局；

2）城市环境卫生工程系统规划图：表示城市环境卫生设施，如垃圾处理厂（场）、中转站等和管理机构的位置、规模、服务范围等。如城市规模较小，可以对公厕、生活垃圾收集转运站等小型设施进行定位。

在总规的市县域市政工程设施（系统）规划中，其内容分项与中心城区基本相似，有市县域用排量预测、市县域主要设施选址布局和区域性主要管线走向等内容，但表达的设施和管线等级较高，对于一些区域性重大基础设施，如水库、大型电源变电站等要重点进行表达。图纸可视表达内容多少进行组合或拆分。

在规划区层面，主要需要对规划区内的重要市政工程设施、一些中心城区外城镇、集镇进行较为全面的规划布局，特别是可以对一些分布在中心城区外围的设施，以及水源地、高压走廊等保护范围进行规划控制。图纸的内容以规划区范围内的市政工程设施、水源地等的本体和防护范围的表达为主。

4.2.7 规划要点

对一个城市的情况进行分析的时候，对这个城市的现状、条件和发展趋势要有一个总体的判断和把握，要注意不同类型的城市在市政工程规划中可能会出现一些问题。

按所处的区域分，可以把城市分为内陆城市、滨海和滨水城市，内陆城市主要是要注意水资源问题，滨水城市主要是注意水污染问题。

按照地形地貌分，可以分为山地城市和平原城市，还有一些其他地形类型的城市。地形对于排水和供水的方式和网络组织有很大的影响，山地城市需要注意地质灾害的影响和供水问题，因为向高处的供水往往较为困难，平原城市要注意涝灾和排水问题。

按照气候分，可以分为寒带地区、热带地区、温带地区、亚热带地区城市，还有一些高原地区有特殊的气候条件。各种地区的气候和新能源利用、节水这些方面都密切相关，寒带和温带地区的城市可能存在一些供热和能源供应方面的问题，污水的处理方式也会受到影响，亚热带地区冬暖夏热，能源和水的使用变化性很大，热带地区用水量可能会偏大。

按照产业结构分，城市还可以分为重工业城市、矿业城市、轻工业城市、旅游城市等这样一些城市的类型，重工业城市的水资源短缺问题和环境污染问题，值得我们在规划中加以重视，矿业城市存在一些地质灾害和环境污染问题，旅游城市市政用量的计算，必须考虑旅游产业发展的需要和旺、淡季差别，而且必须注意城市和景区生态环境的保护。

此外，还可以按照城市的规模，分为大城市、中等城市、小城市、小城镇，或按照经济实力来分，分为经济发达地区、欠发达地区和贫困地区城市，不同规模和不同经济状况的城市、城镇，市政工程系统的建设方式存在很大的不同。在城市规模的预测中，必须考虑水资源、能源供应方面存在的一些门槛问题，要跨越这些门槛需要投入大量的资金，又跟城市的经济实力有关系，要根据城市经济实力的差异，选择合理的基础设施配置标准。

总体规划本身是一项非常具有综合性特点的工作，各个部分之间的关系十分重要，在规划中也必须注意协调不同地域层面不同专项规划之间的关系。比如市县域和城市规划区层面的市政工程规划，要综合考虑资源、环境和安全问题，要安排水资源保护区和各种大型区域性基础设施，对它们的空间进行安排；要对小城镇和农村生产生活用量做相应的测算，要注意水资源平衡的问题，水源保护的问题，流域的防洪和分洪问题，垃圾处理厂（场）选址的问题；在确定城市空间布局结构中，基础设施廊道和保护区可能成为城市空间发展的阻隔因素，在城市规划中，对各种地形的处理和应用也会影响城市基础设施的空间布局规划；在其他一些专项系统规划中，也有很多的内容与城市市政工程相关，比如道路交通系统规划中，道路的空间一般就是基础设施管线的廊道，城市的绿地系统也是为市政工程提供了廊道和防护空间；基础设施的设施和廊道有可能对城市的景观产生影响，但一些设施和廊道在历史文化保护区域内应该采用特殊的布局方案，避免对历史遗存保护产生影响。

4.3 城市综合防灾规划

4.3.1 城市综合防灾规划的编制依据

(1) 城市规划建设和相关防灾法规标准

城市综合防灾规划以城市规划建设和防灾有关的法律、法规、技术标准为依据进行编制。这些法律和法规主要包括:《中华人民共和国城乡规划法》、《城市规划编制办法》及其实施细则、《城镇体系规划编制审批办法》等，以及与防灾有关的国家法律和部级法规，如《中华人民共和国防震减灾法》、《中华人民共和国防洪法》、《中华人民共和国消防法》、《中华人民共和国人民防空法》以及各单灾种防治规划方面的技术规范和标准。

(2) 国家和相关部门的方针政策和指导意见

城市综合防灾规划的编制是一项政策性很强的工作，一些重大规划问题必须以国家有关方针政策为依据。经城市政府批准的城市社会、经济发展规划，应作为城市综合防灾规划编制的依据。

(3) 城市或地区的现状条件和自然、地理、灾害特点

城市综合防灾规划编制的重点，是对城市规划区域内的各种防灾空间和设施系统进行统筹安排，使其保持科学合理的防灾空间结构和布局。因此，不能脱离该城市及其周边地区的自然地理和灾害特点等，而是应当对这些情况进行充分调查研究、综合分析。

4.3.2 城市综合防灾规划的范畴与编制体系

(1) 规划范畴

城市综合防灾规划是一种有关城市安全防灾工作的公共政策，它具有公共物品属性，目的是通过多种手段措施，科学应对对城市长期发展有全局性影响的主要灾害类型，降低城市的综合风险水平，提升城市的综合防灾能力，保障城市民众的生命财产安全，促进城市社会经济的可持续发展。城市综合防灾规划具有全社会、全过程、多灾种、多风险、多手段的特征。

(2) 规划编制体系

从规划编制体系角度看，城市综合防灾规划可以分为全方位的城市综合防灾规划和城市规划中的城市综合防灾规划两个类型，两者的规划内容和侧重点各有不同。本书主要阐述城市规划中的城市综合防灾规划，以下均以此称为城市综合防灾规划。

城市综合防灾规划主要任务是通过收集大量城市现状资料，对灾害风险形势进行科学分析，找出城市在综合防灾方面的问题和不足，通过调整土地利用、空间和设施布局，形成良好的城市防灾空间设施网络，制定工程性和非工程性防灾措施，提升城市综合的防灾能力，以降低灾害风险，减少潜在灾害对城市造成的损害。

城市综合防灾规划的主要规划内容包括现状调查与问题研究、城市灾害综合风险分析、规划目标与原则、城市总体防灾空间结构、防灾分区、疏散避难

空间系统规划、防救灾公共设施布局规划、市政基础设施系统防灾规划、重大危险源和次生灾害防治规划，以及实施建议等。简言之，就是指在一定时期内，对有关城市防灾安全的土地使用、空间布局，以及各项防灾工程、空间与设施进行综合部署、具体安排和实施管理。

城市综合防灾规划的规划范围与规划期限一般与城市总体规划相一致。

城市综合防灾规划与城市总体规划的关系体现在两个方面，一是基于多灾种风险评价的用地评定，是城市总体规划的用地调整的基础和依据；二是在城市总体规划确定的总体空间结构布局的基础上，明确城市的防灾分区、防灾空间结构及重要防灾设施布局。

城市综合防灾规划一般由城市政府的城市规划主管部门牵头，开展组织编制工作。其规划内容体现出明显的规划防灾和空间策略的特征，重视土地使用、空间布局、设施规划等，即通过空间规划提高城市防御灾害的能力。

规划防灾在一定程度上能够比单纯的工程防灾更为有效地解决城市面对的灾害风险。通过控制一些具有关键意义的区域和空间位置，最大限度地减少灾害损破程度，达到安全的目标。例如，在危险区，要协调区域内的土地利用活动和正确的开发建设标准，调整现有过度开发的政策；在较少易损性的区域，开发和再开发将被鼓励和支持；对生命线设施系统提出防灾建议等。整合了这些规划方法的城市综合防灾规划，有助于把防灾工作的关注重点从关注应急救援上，转变到关注与土地利用规划整合的灾前减灾上来（图4-3-1）。

在城市总体规划层面，城市综合防灾规划的编制体系主要包括两个层面的内容：针对市域范围的综合防灾规划和针对中心城区范围的城市综合防灾规划。

4.3.3 市域范围综合防灾规划的编制内容

市域的综合防灾规划偏重大尺度的空间范围，注重市域、流域的防灾问题的解决、防灾空间设施的布局，以及市域防灾管理联动机制的建立。该层次的规划具有宏观性、战略性和政策性特征。

（1）规划任务

结合市域的自然环境特点、行政区划、空间形态与结构、道路交通系统、重大基础设施布局等要素，科学布局市域性防灾空间和设施据点，构建安全高效的市域综合防灾网络，建立市域防灾快速联动与支援机制，提升市域的综合防灾能力。

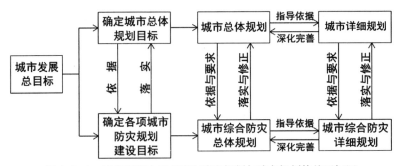

图4-3-1　城市规划中城市综合防灾规划与城市规划的关系框图

（2）规划内容

包括市域疏散交通网络、市域避难设施系统、市域救灾物资储存网络，以及市域的供水、供电和通信等系统的综合防灾对策。其中，市域稳定的自来水供水规划的目的，是提高自来水供给稳定性，其措施包括自来水公司的市域备用系统建设，以及供水设施的更新计划；市域防灾快速联动机制，要建立起市域相互协助灾害快速反应机制，将损失降到最低程度，提高应急救援能力和加快恢复重建工作。其编制程序一般可包括以下四个步骤：现状调查和问题分析、风险评估、防灾空间与设施的规划布局，以及建立区域联动救灾机制。

4.3.4　中心城区范围综合防灾规划的编制内容

（1）规划任务

在中心城区，城市综合防灾规划的主要任务是通过收集大量城市现状资料，对灾害风险形势进行科学分析，找出城市综合防灾的问题和不足，通过调整土地利用性质、空间开发强度和防灾设施布局，形成良好的城市防灾空间设施网络，制定工程性和非工程性防灾措施，提升城市综合的防灾能力，以降低灾害风险，减少潜在灾害对城市造成的损害。

（2）内容框架

针对中心城区的城市综合防灾规划，主要包括城市各种灾害影响及综合防灾能力评估、城市用地的防灾适宜性评价、城市综合防御目标、防灾设防标准、防灾分区及防灾设施设置要求，重大危险源布局及防灾措施、应急救灾和疏散通道布局，灾害高风险区的分区规划防治对策和防灾空间整治规划要求、应急保障基础设施、防灾工程设施、应急服务设施的规模、布局和选址、近期建设安排和规划实施要求等内容。

（3）分项规划内容

1）现状问题分析

现状问题分析包括三个方面，即现状灾害的主要类型和空间影响区域，现状城市综合防灾能力评估，以及城市灾害风险评估与防灾适宜性评价。

现状分析的目的，是通过收集大量城市灾害资料和防灾资料，理清城市历史上的灾害种类、历次重大灾害事件、各类灾害发生的时间、频率、持续时间、地点、影响范围、损失程度以及各类灾害的空间与时间特征等内容，以便为之后的问题分析和规划对策打下基础。

城市综合防灾能力评估，是对城市疏散通道、避难场所、消防设施、防洪工程设施、应急物资仓储设施、应急医疗设施、应急指挥设施、市政基础设施等系统的防灾能力，进行全面评估分析，评估主要从安全性、可靠性和应急能力三个方面进行。以基础设施为例，安全性评价是对基础设施建设布局的外部环境安全性的评价，包括基地安全性、设施安全性和环境安全性；可靠性评价主要是对基础设施自身建设、运营情况的评价，如网络空间布局、敷设方式、管径、管材及运转是否可靠等方面，以分析专业工程系统能否达到可持续的供给能力；应急能力评价，主要是对基础设施发生灾害时紧急应对能力的评价，包括空间建设和制度建设两个方面。

城市灾害风险评估与防灾适宜性评价的目的，是通过分析城市灾害特征，明确城市灾害风险的空间分布特征，综合考虑该地区可能遭受的灾害影响，开展城市用地防灾适宜性的评价，划定用地的适宜区、较适宜区、有条件适宜区和不适宜区，明确限制建设和不适宜建设的范围，为后期城市综合防灾规划对策的提出，打下科学的基础。

2）城市总体防灾空间规划

城市总体防灾空间规划是在规划区范围内对各类城市防灾空间与设施进行总体布局，明确各类防灾空间和设施的空间结构关系。城市总体防灾空间结构，一般说来，就是城市防灾空间设施的"点线面"结构形式（图4-3-2）。

"点"：主要是指避难场所、防灾据点、重大基础设施、重大危险源、重大次生灾害源、防灾安全街区、防灾公园绿地系统、开放空间系统等。

"线"：主要是指防灾安全轴、避难道路与救灾通道，以及河岸、海岸等线状地区的防灾规划等。

"面"：主要是指防灾分区、土地利用防灾规划、土地利用方式调整、各类防灾社区防灾性能的提升，以及城市旧区的防灾规划等（图4-3-3）。

3）城市疏散避难空间体系规划

城市疏散避难空间体系规划，是对规划区内潜在的疏散避难空间资源进行评价，对各级各类疏散通道和避难场所进行选择和指定，并建构起科学高效的避难疏散空间网络体系。城市防救灾通道主要用于灾时救灾力量和救灾物资的输送、受伤和避难人员的转移疏散，需要保证灾后通行能力，按照灾后疏散救灾通行需求分析，分救灾干道、疏散主通道、疏散次通道三类。

避难场所规划是对城市中心城区内不同区域的不同等级的避难场所体系进行空间布局，避难场所一般分为中心避难场所、固定避难场所和紧急避难场所（图4-3-4、图4-3-5）。避难场所选址的用地类型主要包括公园、广场、

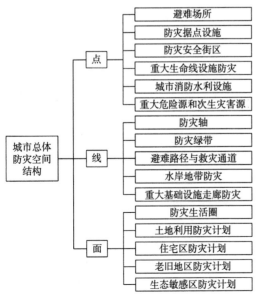

图4-3-2 城市总体防灾空间结构内容构成示意图

图4-3-3 某城市防灾分区划分图

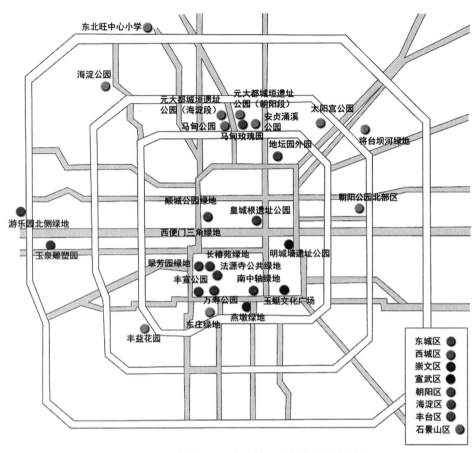

图 4-3-4 北京中心城已建地震及避难场所位置示意图

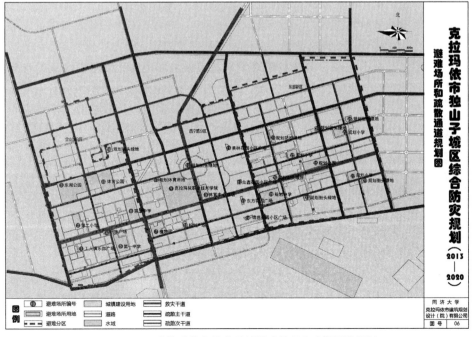

图 4-3-5 克拉玛依市独山子区避难场所和疏散通道规划

操场、停车场、空地、各类绿地和体育场馆等城市公共开敞空间及设防等级高的建筑。

避难场所的避难容量不应小于其避难服务责任区范围内的需疏散避难人口总量。其中，中心避难场所一般包括市、区级应急指挥、医疗卫生、救灾物资储备分发、专业救灾队伍驻扎等市区级功能，市区级功能用地规模不宜小于20hm²，服务范围宜按建设用地规模20km²～50km²、人口20万人～50万人控制。中心避难场所受灾人员避难功能区应按长期固定避难场所要求设置。固定和紧急避难场所的设置应满足其服务责任区范围内受灾人员的避难需求，宜根据表4-3-1的要求分级控制和设置，并应符合下列规定。

紧急和固定避难场所分级控制要求　　　　　　　　表 4-3-1

级　别＼项目	有效避难面积（hm²）	疏散距离（km）	短期避难人口规模（万人）	责任区内用地规模（km²）	责任区内常住人口规模（万人）
长期固定避难场所	5.0～20.0	1.5～2.5	2.30～9.00	3.0～15.0	5.0～20.0
中期固定避难场所	1.0～5.0	1.0～1.5	0.50～2.30	1.0～7.0	3.0～15.0
短期固定避难场所	0.2～1.0	0.5～1.0	0.10～0.50	0.8～3.0	0.2～3.5
紧急避难场所	不限	0.5	根据城市规划建设情况确定		

4）城市应急防灾设施规划

城市应急防灾设施包括应急保障基础设施、防灾工程设施和应急服务设施等三类。

城市应急保障基础设施、防灾工程设施和应急服务设施的防灾规划是针对与城市防救灾工作密切相关的指挥、医疗、消防、物资、治安等公共设施，以及供电、电信、供水等基础设施，制定科学合理的防灾规划对策措施，例如建筑和构筑物的防灾设防标准、设施的空间布局、应急设施设备的配置等内容。

仍以基础设施为例，提升城市基础设施防灾能力的规划要点包括：

a. 合理调整规划的重点设防基础设施和应急保障基础设施的布局，减少重点设防基础设施的致灾度，提高应急保障基础设施的抗灾救灾效率。

b. 增加应急保障基础设施的供应源。采用城市多水源、多电源和多种通信方式，确保灾时和灾后应急保障基础设施的正常运行。

c. 恰当提高城市基础设施的设防标准。根据城市基础设施的现状防灾能力评价结果，科学加强现有的重点设防基础设施的防护力度，提高其防灾能力，减少其致灾度。

d. 适当增加城市基础设施的容量。根据评价结果，适当增加供水、供电和电讯等应急保障基础设施的容量，使其在灾时受损的情况下能保持正常的供给，确保抗灾和救灾工作的正常进行。

e. 完善基础设施防灾应急管理体系。针对城市现行各类基础设施运行管理体系存在的问题，制定统筹指挥、彼此协调、快速有效的管理体系和制度。

5）城市危险源布局规划

城市危险源布局规划，是通过分析危险源的种类、特性与分布，找出现状存在的问题，并对各类危险源提出规划原则和空间布局策略。规划布局要点包括城市安全功能区划分、优化危险源布局、防护隔离区（带）的布局、降低危险源危险概率的安全防灾措施等。

本章主要参考文献

[1] Brian Richards．未来城市的交通 [M]，潘海啸，译．上海：同济大学出版社，2006．

[2] 陈燕萍．城市交通问题的治本之路——公共交通社区与公共交通导向的城市土地利用形态 [J]．城市规划．2000（3）：10-14．

[3] 戴慎志．城市工程系统规划 [M]．2 版．北京：中国建筑工业出版社，2008．

[4] 戴慎志．城市综合防灾规划 [M]．北京：中国建筑工业出版，2012．

[5] 陆原，曾滢，郭晟．快速公交系统模式研究——以广州市 BRT 试验线系统为例 [J]．城市交通，2011（5）：70-79．

[6] 潘海啸．面向低碳的城市空间结构——城市交通与土地使用的新模式 [J]．城市发展研究．2010（1）：40-44．

[7] 潘海啸．中国城市自行车交通政策的演变与可持续发展 [J]．城市规划学刊，2011（4）：82-86．

[8] 潘海啸，汤諹，吴锦瑜，等．中国"低碳城市"的空间规划策略 [J]．城市规划学刊．2008（6）：57-64．

[9] 徐循初．城市道路与交通规划（上册，下册）[M]．北京：中国建筑工业出版社，2007．

[10] 文国玮．城市道路与交通系统规划 [M]．北京：清华大学出版社，2013．

5 城市总体规划的成果表达

5.1 城市总体规划的强制性内容

随着我国城镇化进程不断深入，城乡规划的编制、实施、管理也出现很多新的特点和变化。对于城市总体规划来说，表现出越来越突出的"底线思维、底线控制"趋势，这其中的内容相当大程度反映在城市总体规划的"强制性内容"的要求上面。

5.1.1 城市总体规划强制性内容的缘起

长期以来，强制性内容都是城市总体规划的重要内容和实施管理重点。城市总体规划强制性内容第一次被明确提出，是在 2002 年 5 月 19 日国务院颁布的《关于加强城乡规划监督管理通知中间若干要求》，其中明确提出"总体规划和详细规划，在编制中必须明确规定强制性内容"，同时也第一次对强制性内容的特殊地位做出了明确规定，"任何单位和个人都不得擅自调整已经批准的城市总体规划和详细规划的强制性内容。确需调整的，必须先对原规划的实施情况进行总结，就调整的必要性进行论证，并提出专题报告，经上级政府认定后方可编制调整方案；调整后的总体规划和详细规划，必须按照规定的程序重新审批。调整规划的非强制性内容，应当由规划编制单位对规划的实施情况进行总结，提出调整的技术依据，并报规划原审批机关备案。"

在此要求下，当时的建设部于 2002 年 8 月 29 日发布了《城市规划强制性内容暂行规定》(建规字第 218 号文)，其中第一条就明确了是根据"《国务院关于加强城乡规划监督管理的通知》，制定本规定。"同时提出要求，对已批准的相关规划补充强制性内容，"各地应当按照《通知》……的要求，……，切实抓紧组织制定近期建设规划和明确城市规划强制性内容工作。省、自治区建设厅负责对已经批准的省域城镇体系规划进行整理，明确强制性内容；……；城市人民政府城乡规划行政主管部门负责对已经批准的总体规划和详细规划进行整理，明确强制性内容。"

由此可知，城市规划的强制性内容是作为法定规划编制、实施、管理贯穿始终的核心要求，《城市规划强制性内容暂行规定》中明确"城市规划强制性内容是省域城镇体系规划、城市总体规划和详细规划的必备内容。"本章主要针对城市总体规划的强制性内容。

5.1.2 城市总体规划强制性内容的相关规定

从 2000 年到 2010 年，住房和城乡建设部 (2008 年 3 月 15 日前为建设部) 颁布的若干规定、意见中涉及强制性内容，其中 2000 年"工程建设标准强制性条文"的城乡规划、城市建设部分、2002 建设部"城市规划强制性内容暂行规定"、2006 版"城市规划编制办法"中关于强制性内容的规定、2006 建设部"关于加强城市总体规划工作的意见"、2008"城乡规划法"、2010 国务院印发的"城市总体规划修改工作规则"等六个文件中从不同角度详细规定了强制性内容。除因为 2000 年颁布的"工程建设标准强制性条文"较为陈旧、与后续各类规定有所出入而不加摘录之外，对历年涉及规划强制性内容的部分做了摘录，具体内容见附录。

5.1.3 规划强制性内容的界定、意义

《城市规划强制性内容暂行规定》中对规划的"强制性内容"给出了明确界定，"本规定所称强制性内容，是指省域城镇体系规划、城市总体规划、城市详细规划中涉及区域协调发展、资源利用、环境保护、风景名胜资源管理、自然与文化遗产保护、公众利益和公共安全等方面的内容。"

从以上定义中可以看出，"强制性内容"首先是包含城镇体系规划、城市总体规划和详细规划等各类法定规划的必备内容；其次，"强制性内容"是各类法定规划中的"刚性约束"和"控制底线"。

对于城市总体规划来说，强制性内容更是城市总体规划的修改、编制的重要前置要求，《城乡规划法》第四十七条中明确规定"修改省域城镇体系规划、城市总体规划、镇总体规划前，组织编制机关应当对原规划的实施情况进行总结，并向原审批机关报告；修改涉及城市总体规划、镇总体规划强制性内容的，应当先向原审批机关提出专题报告，经同意后，方可编制修改方案"(图 5-1-1)。

从各种现行规定可以看出，城市总体规划的强制性内容具有以下五个特

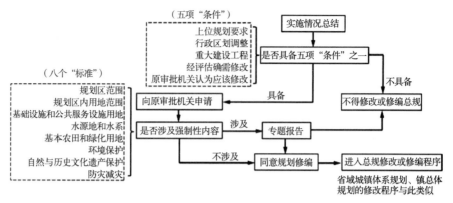

图 5-1-1　城市总体规划修改的一般程序（根据《城乡规划法》第四十七条）

征：一是全域覆盖，从城镇体系到城镇，均需明确各自的强制性内容；二是底线控制，强调规划建设之前必须控制发展的地域；三是整体协调，突出区域协调发展、区域设施共享；四是提前导控，对于基础设施和公共服务设施要提前预留、控制；五是强调安全，对于生态环境安全、防灾减灾、公共安全等内容特别强调。

强制性内容对于城市总体规划来说在三个方面具有突出的重要意义和作用。第一是界定城市发展"安全底线"的关键性空间要素，是强化城市空间管制的重要内容。从强制性内容设置的初衷和要求来看，都是侧重于资源环境保护和城市发展的"生态本底条件"，对其加以"强制性"保护规定，有利于土地、生态、资源、环境等免受或少受侵害，有利于城市的长期可持续发展；第二，强制性内容是指导城市总体规划编制的重要原则。规划编制过程中对强制性内容覆盖的全面与否、准确与否直接影响了规划成果的科学性、严肃性和适用性；第三，是作为规划管理的重要依据和标准，《城市规划强制性内容暂行规定》中明确提出"城市规划强制性内容是对城市规划实施进行监督检查的基本依据。"

5.1.4　城市总体规划强制性内容的系统梳理

如上所述，由于强制性内容涉及的法规文件较多，有必要对其中的内容做出系统性的梳理，梳理的原则是全面性、系统化、逻辑性、层次化对以往所有涉及强制性内容的规定进行全面梳理、不留漏项，将城市总体规划的强制性内容归并为三个层次：区域层面，主要针对城镇体系规划；规划区层面（《城乡规划法》明确了城市、镇、乡、村庄都应该划定相应的规划区）和建设区层面。

对强制性内容的梳理应以原则性规定为主，不应该定得过死、过细，将具有全面指导意义的普适性原则和地方特点加以结合，并为后续详细规划的强制性内容的细化、深化留有接口、便于衔接。

第一，区域层面。将其划定为两大类，第一大类是区域内必须控制开发的四类地域。这四类地域分别是资源环境保护地域、区域协调发展地域、风景名胜管理地域、自然文化遗产保护地域。第二大类是区域性重大基础设施布局，包括高速公路、干线公路、铁路、港口、机场、区域性电厂和高压输电网、天然气门站、天然气主干管、区域性防洪治洪骨干工程、水利枢纽工程、区域饮水工程（含水源地）等。

第二，规划区层面。也包括两类内容，一是规划区范围，二是规划区内各类建设用地规模。各类建设用地是指《城乡用地分类与规划建设用地标准》GB 50137—2011 表 A.0.1 "城乡用地汇总表"确定的各类 H 类别的建设用地，而不必细化到各种城镇建设用地分类（表 5-1-1）。具体包括：H1：城乡居民点建设用地：城市、镇、乡、村庄以及独立的建设用地；H2：区域交通设施用地；H3：区域公用设施用地；H4：特殊用地；H5：采矿用地（图 5-1-2）。

城乡用地汇总表　　　　　　　　　　　　　　表 5-1-1

用地代码	用地名称		用地面积（hm²）		占城乡用地比例（%）	
			现状	规划	现状	规划
H	建设用地					
	其中	城乡居民点建设用地				
		区域交通设施用地				
		区域公用设施用地				
		特殊用地				
		采矿用地				
		其他建设用地				
E	非建设用地					
	其中	水域				
		农林用地				
		其他非建设用地				
	城乡用地				100	100

第三，建设区层面。城镇建设用地范围内需要明确的强制性内容包括：各类城镇建设用地、道路和交通设施、公共服务设施、公用设施、生态环境保护、历史文化遗产保护、城市安全防灾减灾、近期建设规划等八类内容。

城镇建设用地。包括规划期限内城镇建设用地的发展规模、发展方向，根据建设用地评价确定的土地使用限制性规定；土地使用强度管制区划；城市地下空间开发布局；城市各类绿地的具体布局。

道路与交通设施。包括城市主次干路系统网络、城市轨道交通网络、交通枢纽布局、大型停车场布局等。

公共服务设施。包括文化、教育、卫生、体育等方面主要公共服务设施的布局。

公用设施。城市水源地及其保护区范围和其他重大市政基础设施。

生态环境保护。生态环境保护与建设目标，污染控制与治理措施。

历史文化遗产保护。历史文化保护的具体控制指标和规定；历史文化街区、历史建筑、重要地下文物埋藏区的具体位置和界线。

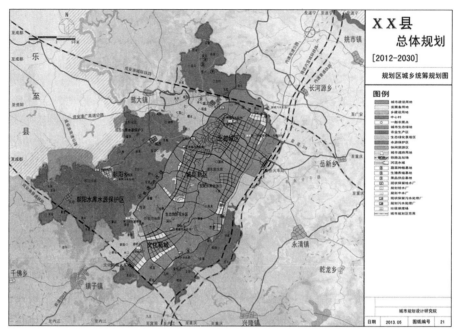

图 5-1-2　规划区内城乡各类建设用地分布图

城市安全和综合防灾。城市防洪标准、防洪堤走向；城市抗震与消防疏散通道；城市人防设施布局；地质灾害防护规定。

近期建设规划。城市近期建设重点和发展规模；近期建设用地的具体位置和范围；近期内保护历史文化遗产和风景资源的具体措施。

5.1.5　城市总体规划强制性内容的表达

《城市规划强制性内容暂行规定》中明确提出规划的强制性内容"应当在图纸上有准确标明，在文本上有明确、规范的表述，并应当提出相应的管理措施。"据此，首先城市总体规划的强制性内容必须在图纸和文本中都有明确标明和描述，并且能够一一对应，其次还应在文本中对强制性内容提出明确的管理措施。

具体来说，对城市总体规划强制性内容的表达有两个要求，首先是"明确"，即强制性内容的表述要清晰、明确，定性表述要清晰、定量描述要明确、执行标准和措施也必须明确；其次是"规范"，文字表达要严谨，正面表述用"必须、应、宜（允许）"等，反面表述用"严禁、不应、不宜"等。如果是参照相关法规执行，按照"应符合——要求或规定"或"应按——执行"等方式表达，而不能似是而非、含混不清。

5.1.6　城市总体规划强制性内容的相关规定

（1）《城市规划强制性内容暂行规定》（建设部，2002）

第五条　省域城镇体系规划的强制性内容包括：

（一）省域内必须控制开发的区域。包括：自然保护区、退耕还林（草）地区、大型湖泊、水源保护区、分滞洪地区，以及其他生态敏感区。

（二）省域内的区域性重大基础设施的布局。包括：高速公路、干线公路、铁路、港口、机场、区域性电厂和高压输电网、天然气门站、天然气主干管、区域性防洪、滞洪骨干工程、水利枢纽工程、区域引水工程等。

（三）涉及相邻城市的重大基础设施布局。包括：城市取水口、城市污水排放口、城市垃圾处理场等。

第六条 城市总体规划的强制性内容包括：

（一）市域内必须控制开发的地域。包括：风景名胜区，湿地、水源保护区等生态敏感区，基本农田保护区，地下矿产资源分布地区。

（二）城市建设用地。包括：规划期限内城市建设用地的发展规模、发展方向，根据建设用地评价确定的土地使用限制性规定；城市各类园林和绿地的具体布局。

（三）城市基础设施和公共服务设施。包括：城市主干道的走向、城市轨道交通的线路走向、大型停车场布局；城市取水口及其保护区范围、给水和排水主管网的布局；电厂位置、大型变电站位置、燃气储气罐站位置；文化、教育、卫生、体育、垃圾和污水处理等公共服务设施的布局。

（四）历史文化名城保护。包括：历史文化名城保护规划确定的具体控制指标和规定；历史文化保护区、历史建筑群、重要地下文物埋藏区的具体位置和界线。

（五）城市防灾工程。包括：城市防洪标准、防洪堤走向；城市抗震与消防疏散通道；城市人防设施布局；地质灾害防护规定。

（六）近期建设规划。包括：城市近期建设重点和发展规模；近期建设用地的具体位置和范围；近期内保护历史文化遗产和风景资源的具体措施。

（2）城市规划编制办法（建设部，2006）

第三十二条 城市总体规划的强制性内容包括：

（一）城市规划区范围。

（二）市域内应当控制开发的地域。包括：基本农田保护区，风景名胜区，湿地、水源保护区等生态敏感区，地下矿产资源分布地区。

（三）城市建设用地。包括：规划期限内城市建设用地的发展规模，土地使用强度管制区划和相应的控制指标（建设用地面积、容积率、人口容量等）；城市各类绿地的具体布局；城市地下空间开发布局。

（四）城市基础设施和公共服务设施。包括：城市干道系统网络、城市轨道交通网络、交通枢纽布局；城市水源地及其保护区范围和其他重大市政基础设施；文化、教育、卫生、体育等方面主要公共服务设施的布局。

（五）城市历史文化遗产保护。包括：历史文化保护的具体控制指标和规定；历史文化街区、历史建筑、重要地下文物埋藏区的具体位置和界线。

（六）生态环境保护与建设目标，污染控制与治理措施。

（七）城市防灾工程。包括：城市防洪标准、防洪堤走向；城市抗震与消防疏散通道；城市人防设施布局；地质灾害防护规定。

······

控制性详细规划确定的各地块的主要用途、建筑密度、建筑高度、容积率、绿地率、基础设施和公共服务设施配套规定应当作为强制性内容。

（3）2006 建设部《关于加强城市总体规划工作的意见》

资源环境保护、区域协调发展、风景名胜管理、自然文化遗产保护、公共安全等涉及城市发展长期保障的内容,应当确定为城市总体规划的强制性内容。

（4）2008《城乡规划法》

第 17 条

规划区范围、规划区内建设用地规模、基础设施和公共服务设施用地、水源地和水系、基本农田和绿化用地、环境保护、自然与历史文化遗产保护以及防灾减灾等内容,应当作为城市总体规划、镇总体规划的强制性内容。

第 47 条

……；修改涉及城市总体规划、镇总体规划强制性内容的,应当先向原审批机关提出专题报告,经同意后,方可编制修改方案。

（5）2010 国务院印发的《城市总体规划修改工作规则》

拟修改城市总体规划涉及强制性内容的,城市人民政府除按规定实施评估外,还应就修改强制性内容的必要性和可行性进行专题论证,编制专题论证报告。

城市总体规划的强制性内容包括：

（一）规划区范围；

（二）规划区内建设用地规模；

（三）基础设施和公共服务设施用地；

（四）水源地和水系；

（五）基本农田和绿化用地；

（六）环境保护控制性指标；

（七）自然和历史文化遗产保护区范围；

（八）城市防灾减灾设施用地；

（九）法律法规规定的其他内容。

其中,对拟修改城市总体规划涉及强制性内容的,住房城乡建设部应组织有关部门和专家,对原规划实施评估报告和修改强制性内容专题论证报告进行审查,提出审查意见报国务院同意后,函复有关省、自治区、直辖市人民政府。

5.2 城市总体规划文本表达

5.2.1 现行总体规划文本制度

（1）总体规划文本制度

1991 年开始施行的《城市规划编制办法》第十七条规定：总体规划文件包括规划文本和附件,规划说明及基础资料收入附件。规划文本是对规划的各项目标和内容提出规定性要求的文件,规划说明是对规划文本的具体解释。正式定义了我国城市总体规划的文本。此后国家、建设部颁布了一系列的规章制度,包括 1995 年发布的《城市规划编制办法实施细则》2006 年颁布的新版《城市规划编制办法》中都对城市总体规划的内容进行了详细的界定,初步确定了总体规划文本的体例结构（总体规划文本的章节结构基本与编制办法中的条款对应）。建设部于1999年颁布《城市总体规划审查工作规则》，住房和城乡建设部（原建设部）2013年颁布《关于规范国务院审批城市总体规划上报成果的规定（暂行）》，部分省市也多次颁布类似文件，这些文件虽未明确规定文本的体例、格式，但引导了全国城市总体规划的编制工作，形成了相对固定的体例。

（2）总体规划文本的体例与表达具有明显的法律文本特点

总体规划文本的体例基本采用了法律文本的体例，主要表现在：采用了一般法律所采用的章条式结构；在结构上开头为"总则"阐明规划的目的、规划的依据等，结尾为"附则"。"总则"规定规划制定的目的、依据、总体要求等，"附则"为规划的实施主体、管理主体、生效期限、解释权等内容；强调条文的"规定性"，尽可能减少说明性文字；受规范、标准的影响，在规划文本中对于必须、严禁、应、不应、不得、宜、可、不宜、应符合……要求或规定、应按……执行等词的使用逐步规范。

随着城市规划强制性内容制度的确立、城市总体规划严肃性、强制性进一步增强。

（3）总体规划文本的内容超出了"法律文本"的涵盖范围

研究《城市规划编制办法》对于城市规划的定义：城市规划是政府调控城市空间资源、指导城乡发展与建设、维护社会公平、保障公共安全和公众利益的重要公共政策之一。可以发现城市规划同时具备了调控空间资源、指导城乡建设、保障公共利益三方面的作用，对应于文本的内容则分别为行动方案、实施政策、控制底线，同时具备了技术文本、政策文本、法律文本的特征（表5-2-1）。

城市规划文本的属性　　　　　　　　表5-2-1

城市规划的作用	对应的规划内容	对应的文本内容	文本的属性
调控空间资源	解决问题	行动的方案	技术文本
指导城乡建设	政策保障	实施的政策	政策文本
保障公共利益	明确底线	控制的底线	法律文本

（4）城市规划文本应是"政策性文件"

"政策载体"在现实中有两类，第一类是"指示、决定、通知、指引"等，表现为"政策文件"的形式；第二类是"法律、规章、条例、命令"等，表现为"法律文件"的形式。"政策文件"与"法律文件"同为公共政策的载体，但有着不同的特征。赵民、郝晋伟（2013）又在《城市总体规划实践中的悖论及对策探讨》一文中提出，由于对于法定性的误解❶，使得"总规"编制在"法定"概念下"战略导向"和"政策载体"功能大为丧失。"总规"文件要向"政策性文件"方式转变。

---

❶ 文中提到：一般认为，城市总体规划是"法定规划"，实际上我国目前所称的"法定规划"意为"依法编制和批准的规划"，而在实际操作中往往将其理解为"具有法定羁束效用的规划制和批准的规划"，而在实际操作中往往将其理解为"具有法定羁束效用的规划"。

5.2.2 总体规划文本表达基本要求

(1) 文本法条化

城市总体规划文本一般采用章条的体例结构，所谓章条式就是《中华人民共和国立法法》所规定的：法律根据内容需要，可以分编、章、节、条、款、项、目。编、章、节、条的序号用中文数字依次表述，款不编序号，项的序号用中文数字加括号依次表述，目的序号用阿拉伯数字依次表述。法律标题的题注应当载明制定机关、通过日期。这种体例结构体例的名称统一、每一级结构层次都有一个法定的名称和统一规范的书面标识方法，因而容易辨识，便于引用。每一项具体条文所在的位置明确，便于查找。

(2) 文本表达应简洁、准确

余柏椿 (1995) 在《更新观念 做好"文"章——关于规划文本意识与规范的思考》一文中对于规划文本的要求作了准确概括：即规划文本是一种法律或行政文件，只述果不述因，强调对规划结果的执行，追求严肃性和严谨性，它是城市规划的客观属性所要求的，它为城市规划的依法实施和管理提供了依据。

文本条款涵义应完整确切，具有较强的独立性，关键性文句脱离上下文后能不生歧义，不易被歧解和曲解。

(3) 文本要准确表述规划意图

规划文本不是对于方案的简单说明，应该准确表达规划意图，典型的条文是对预测的表达，如在规模条款中"2020年达到XX万人"是规划预测，而真正的政策意图却是在2020年希望人口规模控制在XX万人以下。在市政设施规划中，往往会预测总用量，但规划需要解决，控制引导的却是如何解决电源，如何输送电力。对于城市的布局，我们往往会延续工程说明的形式，如交通体系会表达为几纵几横，但为什么确定这样的布局，包含的真正政策用意，有时会被文本遗漏。如在某市城市总体规划中，交通系统被表达为加强东西方联系，实现南北方向对接，完善交通网络等内容。虽然只是在说明前面加了短短一句话，却使政策意图完整表达。

在城市总体规划文本中，市政、环境政策的表达，往往是用具有极强的专业技术指标来叙述，这样的方式是缺乏政策属性的。例如环境政策这种技术化的环境指标要素，对非专业人士而言，即使知道各种污染物的准确浓度，一般也无法理解城市环境建设设定的目标是否合理，这显然不利于城市总体规划文本在社会范围内有效传达规划政策，因此在总体规划文本中，单纯依靠专业技术指标来描述环境目标，是不足以满足总体规划文本对规划政策表达需要的。这就要求加强抽象指标转译成政策语言，通常可以用"目的＋措施"、"目的＋布局"、"目的＋行动"的表达方式。

在很多文本中经常出现的，以"规划"开头的现象，以规划为主语，特别是规划安排、规划布置、规划预测等反映的强烈的设计师意图，是工程说明的语体，与公共政策定位不符，不宜使用。

(4) 并列的规定使用列表表达

在规划文本中，常见各种并列的规定，宜采用列表的方式表达。条文中可以对列表进行综述，如在国家国民经济和社会发展"十二五"规划中，附表提供了完整的指标体系，而且条文中通过相应的指标组合，分别对应的经济平稳较快发展，结构调整取得重大进展，科技教育水平明显提升三个方面。

（5）强制性规定定量、落位，可落实、可监督、可考核、可评估

为了使强制性内容更具可操作性，文本文中的强制性内容应明确而规范。所谓明确，即强制性内容的表述要达到"四定"要求，即定对象、定数量、定位置、定要求。定对象包括定用地性质、设施名称等，定数量包括定规模、标准等，定位置包括定分布、位置、用地边界、道路走向等，定要求包括定相关规定、措施、执行的规范等。所谓规范，即文字表达要严谨，并达到法定性与技术性相统一的要求，正面表述用应当，反面表述用不得、禁止等。如果是参照相关法规执行，应按照"应符合……要求或规定"或"应按……执行"的方式表达。

5.2.3 政策性文件表达方式的转变

（1）适应于存量规划的表达方式

传统的城市总体规划多为基于规模增长为主导的静态规划，重点是对于未来的"安排"与空间位置的描述，未来城市进入存量规划，在表达方式上，应摒弃传统规划大而全的表达，重点突出在规划期内的提升与改变（图5-2-1）。

中心城布局
中心城空间布局结构为'多心、开敞'。规划按现状自然地形和主要公共中心的分布以及对资源优化配置的要求，合理调整分区结构。中心城公共活动中心指中央商务区和主要公共活动中心。
（1）中央商务区
中央商务区由浦东小陆家嘴（浦东南路至东昌路之间的地区）和浦西外滩（河南路以东，虹口港至新开河之间的地区）组成，规划面积为3km²。中央商务区集金融、贸易、信息、购物、文化、娱乐、都市旅游以及商务办公等功能为一体，并安排适量居住。
（2）主要公共活动中心
主要公共活动中心指市级中心和市级副中心。市级中心以人民广场为中心，以南京路、淮海中路、西藏中路、四川北路四条商业街和豫园商城、上海站'不夜城'为依托，具有行政、办公、购物、观光、文化娱乐和旅游等多种公共活动功能。
副中心共有四个，分别是徐家汇、花木、江湾-五角场、真如。
徐家汇副中心主要服务城市西南地区，规划用地约2.2km²；花木副中心主要服务浦东地区，规划用地约2.0km²；江湾-五角场副中心主要服务城市东北地区，规划用地2.2km²；真如副中心主要服务城市西北地区，规划用地约1.6km²。

上海城市总体规划

优化中心城功能
增强高端要素集聚和辐射能力，提升综合服务功能，改善环境品质，充分展现国际大都市形象和魅力。
提升高端服务功能。推进以陆家嘴外滩为核心，涵盖北外滩、南外滩在内的中央商务区（CBD）发展，发挥南京路、淮海路、环人民广场等高端商务商业功能，增强大都市繁荣繁华魅力。强化城市副中心辐射能力，发展徐家汇知识文化综合商务区，突出五角场科教创新优势，提升真如长风地区商务功能，推动花木及世纪大道沿线发展高端商务服务。促进城市公共中心分工协作和功能多元，赋予景观休闲和文化展示等内涵。
推进城区升级改造。继续推进旧区改造，基本完成城中村改造。加强城郊结合部公共服务和基础设施配套，推进环境综合整治，促进工业用地、仓储用地二次开发。加强环城绿带和生态间隔带建设，合理控制中心城规模，提高城区环境品质。
加强跨行政区统筹管理。加强交通、市政、社会事业等公共资源统筹协调和共建共享，建立跨行政区环境综合整治的长效机制，消除区际结合部管理盲点，提高社会管理和公共服务保障能力

上海国民经济和社会发展"十二五"规划

图5-2-1 从全面描述到突出行动

（2）增强规划文本的逻辑性

总体规划应更加强调城市规划政策的表达，即规划"目的"，应细化为可度量的指标体系，而政策又为目标提供实现途径；最后所有的策略按行动计划

由各职能部门在相应期限内完成实施。

另外，在强调倡导、沟通的今天，应增加总体规划文本的表达的逻辑性。张昊哲、宋彦、陈燕萍、金广君（2010）在《城市总体规划的内在有效性评估探讨——兼谈美国城市总体规划的成果表达》中提出"递进式逻辑性原则"，要素间简明的逐层递进式线型逻辑不但有助于实现各要素之间的功能联系，而且也符合人们的阅读习惯，有利于城市规划政策的表达。这种逻辑体系在国外总体规划和国内战略规划被广泛采用，其实早在国内概念(战略)规划出现之时，这种表达方式也就随之出现了，但始终没有改变"法定"总体规划的文本结构。

（3）使用祈使句

从表达句式上，传统总体规划文本多用描述性语言，以陈述句为主。但公共政策属性更加明确的发展规划等多用倡导型语言，多用祈使句。陈述句就是讲述一个事实或者一个人的看法，分肯定句和否定句。祈使句的作用是要求、请求或命令、劝告、叮嘱、建议别人做或不做一件事。相比而言，祈使句更有利于表达公共政策。

（4）使用条标

传统的总体规划文本有时采用条标，但以归类型标题为主，这种条标仅交代文字的外延，看不出作者所指的观点，只是对文章内容的范围做出限定。而政策性文件多用主旨型条标，这类条标揭示文字的内涵，高度概括全文内容，往往就是文章的中心论点。它具有高度的明确性，便于读者把握全文内容的核心（图5-2-2）。

全国城镇体系规划	国家新型城镇化规划
第四章　城镇空间规划	第四篇　优化城镇化布局和形态
4.1　城镇空间发展策略	第九章　优化提升东部地区城市群
4.2　城镇空间布局	第十章　培育发展中西部地区城市群
4.3　城镇空间发展指引	第十一章　建立城市群发展协调机制
4.4　省域城镇发展指引要点	第十二章　促进各类城市协调发展
第五章　城镇发展支撑体系	第一节　增强中心城市辐射带动功能
5.1　综合交通设施	第二节　加快发展中小城市
5.2　市政基础设施	第三节　有重点地发展小城镇
5.3　社会基础设施	第十三章　强化综合交通运输网络支撑
5.4　公共安全体系	第一节　完善城市群之间综合交通运输网络
	第二节　构建城市群内部综合交通运输网络
	第三节　建设城市综合交通枢纽
	第四节　改善中小城市和小城镇交通条件

图5-2-2　主旨型标题的应用

（5）适当增加必要的解释性内容

《国家新型城镇化规划》用了一"篇"的篇幅，阐明城镇化的重大意义、发展现状与发展态势，按照传统城市总体规划"文本"的理解，是不应该涵盖这些"解释性"内容的，但恰恰是这部分内容，集中体现了中央政府对于城镇化的认识，是"政策声明（Policy Statement）"的重要组成部分。战略规划通常会分析城市存在的问题，发展的趋势，未来的愿景等，对于城市规划相关人员准确把握城市的发展方向具有重要的作用。

(6) 使用必要的插图

一些不适宜以文字形式出现的政策信息需要在图纸中加以表达。因此，总体规划文本的阅读者往往需要依靠对规划图纸的参考才能完成对总体规划文本中政策的理解。张昊哲（2010）在博士论文中提出文本"链接要素"的设想，但仅仅是提到通过"注释"的方式指明相应的图纸编号。上海同济城市规划设计研究院在《烟台城市总体规划》中尝试"图文对照版"较好地解决了图文对照的问题。而国外的总体规划、国内的战略规划、发展规划等均采用了图文对照或插图的形式，具有较好的表达效果。

▨ 本章主要参考文献

[1] 戴琳，赵四东 . 解读《省域城镇体系规划编制审批办法》——对强制性要素的辨析与延伸讨论 [J]. 规划师，2013，29（5）：71-75.

[2] 高军，裴春光，刘宾，等 . 强制性要素对城市规划的影响机制研究 [J]. 城市规划，2007（1）：57-62.

[3] 蒋伶，陈定荣 . 城市总体规划强制性内容实效评估与建议——写在城市总体规划编制审批办法修订之际 [J]. 规划师，2012，28（11）：40-43.

[4] 余柏椿 . 更新观念 做好"文"章——关于规划文本意识与规范的思考 [J]. 城市规划，1995（5）.

[5] 张昊哲,我国城市总体规划文本中环境政策表达技术研究 [D]. 哈尔滨:哈尔滨工业大学，2011.

[6] 张昊哲，宋彦，陈燕萍，等 . 城市总体规划的内在有效性评估探讨——兼谈美国城市总体规划的成果表达 [J]. 规划师，2010，26（6）：59-64.

[7] 赵民，雷诚 . 论城市规划的公共政策导向与依法行政 [J]. 城市规划，2007，31（6）：21-27.

[8] 赵民，郝晋伟 . 城市总体规划实践中的悖论及对策探讨 [J]. 城市规划学刊，2012（3）：1-9.

6 城市总体规划的方法与技术

6.1 城市现状调查的内容和方法

在城市规划领域当中，现场调研是非常重要的一个环节。在编制一座城市或者一个地区的规划之前，现场调研工作是所有工作开展的基础。格迪斯曾经说过，城市规划的方法是"调查＋分析＋规划"，调查在所有工作环节中是最前面的环节。因此，本节的核心内容是城市总体规划现状调查的内容、方法和技巧，包括四块内容：第一、出发前的一些准备工作，第二、现场调查的目的和内容，第三、部门访谈要领，第四、社会调查的工作方法。

6.1.1 出发前的准备工作

在赴城市总体规划现场调查之前，或多或少都会有一些关于所要调研城市的基础资料，在出发之前要熟读。但是在更多的时候，可能甲方或者当地部门还没有提供完整的资料，就需要事先主动搜集调研城市的相关资料。现在互联网非常发达，在进入现场调研之前，可以充分利用网站信息，对当地城市做初步的了解。

其一，利用互联网掌握宏观数据。调研城市所在省份的网站是一个很好的信息渠道，可以找到当地的宏观经济和社会发展数据。另外一个渠道是网络上的电子地图，它们是非常好的空间工具，在出发之前要浏览这些网站，去测量调研城市的面积、与中心城市的距离，建成区的大体尺度等，以建立初步的空间印象。

其二，利用互联网掌握调研城市的基本信息。目前大多数县级以上政府单位都有自己的网站，一般而言，可以通过政府的官方网站，搜集到当地的政府工作报告、年度统计公报等核心资料，通过这些资料可以基本把握城市的核心概貌，比如城市的人口规模、GDP规模、城镇化水平等方面。通过与全省的相关数据比较，还可以知道调研城市的人口和经济等它所处的位次情况。这些前期工作将为的现场调研打下好的基础。

除了上述数据以外，政府网站上的其他信息也很多，那么应该主要去了解些什么内容呢？下面以一个具体案例来予以说明。以安徽省蚌埠市怀远县为例，可以看到其政府网站包括了很多方面的内容，比如城市概况、城市历史沿革、经济发展、社会发展、资源条件，以及一些近期发生的重大事件，新闻报道等。这些内容对即将开展的调研来说，是非常重要的信息。

其三，掌握政府部门的设置和职能。中国地区差异非常大，每个地方的政府职能部门设置虽然大体相同，但是也会有一些差异，因此出发之前要先了解一下，准确地掌握各个部门的职能和名称。政府网站上是了解各个职能部门设置情况的一个很好的渠道。比如在专业领域，有的地方是独立的规划局，有的地方规划局是设在建委下面的一个二级局，还有的地方可能和其他的部门合并设置——比如国土。展开调研之前，掌握这些信息有利于提高资料调研的效率，也是对地方政府的尊重。

其四，掌握当地近期的热点话题。在政府网站上，还可以知道近期这座城市是否发生了重大的历史事件，比如说是不是有一个重大的项目要落户等。比如在某地调查之前，得知当地有一个国际知名品牌的汽车发动机项目要在当地落户，大家最近都在热议这个话题。大家掌握这些信息有什么作用呢？首先这些信息对于规划编制是有参考意义的，其次作为规划师在一座新的城市调查时，往往与当地工作人员并不是很熟悉，那么这些公共话题能够促进大家的交流，大家可以很快由不熟悉变熟悉。在关系熟识的过程中，调查工作也就可以顺利开展了（图6-1-1）。

其五，了解调研城市所在的区域的文化特征。比如说中原某城市，其文化基础深厚，当地非常热情、好客，有较强烈的酒文化，如果事先知晓，就能够避免一些不必要的误解。还有一些少数民族或偏远地区，有一些特殊的当地的风俗，如果事先了解，将有助于现场调研工作的顺利开展。

其六，掌握当地的对外交通情况。可以从网络或者相关资料了解到当地的交通、基础设施等一些非常重要的信息，比如当地是否有航运交通；是否有高速公路，其连接了哪些城市；是否有机场，其通航航线等。

其七，带着问题进入现场调研。在去现场之前，通过查阅网站了解了相关的信息之后，要对所要调研的城市有一个概括的了解，这样就可以开展基本的、前期的分析工作，提出一些初步的问题。带着问题去现场调查，更加

图 6-1-1 怀远县政府网站

资料来源：http：//www.ahhy.gov.cn/2015-7-17.

有利于快速了解调研的城市。与调查之后再提出问题相比，带着问题去现场
调查会起到事半功倍的效果。

例如，在安徽省池州市青阳县的总体规划调查中，在调研之前通过互联网
搜索了很多信息，比如 2011 年青阳县处在皖江城市带当中，是有九华山，国
家森林公园，有合铜黄高速，有一座旅游机场，人口 28 万，GDP21 亿，在安
徽省倒数第五，这些信息已经给了该市的基本的轮廓。值得注意的是"九华山"
及"国家森林公园"这两个关键词。随之的问题就可以提出，九华山、国家森
林公园和青阳县城到底是什么关系，它的管理机制是什么，空间管理格局是什
么，产业特征是什么，管理机构如何运作，所辖区域人口规模是多少。这是在
去之前提出的疑问，带着这样的疑问，在当地做了一些针对性的调查，大大提
高了后期的规划编制效率。

除了上述专业性的准备工作外，图纸和工具也是必要的，每位同学要带好
至少 2 种颜色的笔以及少量拷贝纸或硫酸纸。如果指导教师已经为大家准备了
地图的话，这份地图也要随身携带。对于大部分高校而言，总规教学是安排在
暑假开始的，一般天气比较炎热，同学们可能需要带一些防止蚊虫叮咬的一些
用品以及太阳帽、换洗衣物、平底鞋等。

6.1.2 现场调查的目的和内容

城市规划工作实际上是一个自上而下和自下而上相结合的过程。在制定规
划方案之前，要充分了解城市，充分感受城市，只有对城市熟识到一定程度，
对城市的感知达到一定的深度，规划编制才能够更加符合当地实际，满足当地

的发展要求。因此，详细的资料调查和实地感受是现场踏勘的核心目的。

在现场调研过程中，对城市空间结构的观察，将不再仅仅停留在图纸上，而是要真实地融入城市空间中。在城市的真实环境下，去尝试发现城市结构存在的问题。尤其在最近这几年，中国的城镇化处于一个转型发展的过程当中。在过去30年的城市快速扩张时期的总体规划主要面临的是如何做一个增量的规划。但是在未来的10年、20年或者是30年，可能很多地方需要编制一个减量规划。很多城市可能将来的规划重点是旧城再开发、工业区再开发。在这样的转型趋势下，对城市的理解可能要有新的判断，这也需要现场调查的内容和重点要与时俱进。

现场调查从何时何地开始呢？是从进入到调研城市才开始吗？显然不是。实际上，从学校一出发，就踏上了现场调查的征程。以同济大学为例，当一离开学校踏上交通工具，坐上的长途大巴或者火车，一路上就要去感受地域景观的差别、经济发展的差别、产业的差别。比如说从上海到安徽青阳县的过程，会非常明显地感受到经济发展的落差、环境的变化。当走到青阳县的九华山森林公园，走向森林公园的深处，会愈发感受到环境质量越来越好。当然，相反也会感觉到经济发展也越来越落后，这是一路上感受的差别，这样的感受会为之后的规划分析和规划编制提供一个非常好的感性认识。作为规划师，还要把握任何出差的机会，在行程中去观察城市，长期的积累会形成对城市发展的经验判断。

进入城市后的调查是有技巧的。进入城市，一定是通过以下几种渠道：火车站、高速公路的出入口、机场或者码头。这些是城市的门户，要非常重视。这些区域都是感知城市的一个很好的渠道，也是一个很好的媒介。到达城市之后，要尽快获得一份当地的地图，这份地图有助于后期的现场调研以及空间方位的识别。当你到达一座城市，有了一张地图，你会很清晰地知道，你今天参观的路程（也可以提前查阅相关信息），或者是你明天所要去的部门会途径哪些区域，你能够很快的在空间予以定位，予以消化。如果没有地图的话，大家的方位感会很困惑，有时可能几天下来参观了很多工厂、项目、道路等工程，最后却无法知道具体的方位。

在现场踏勘过程中还要积极地去发现问题。比如在调研开发区的时候，很多时候土地使用不是很集约，土地效率不是很高；在调研中心城区的时候，要重点观察中心城区的建设面貌是不是足够好，环境卫生怎么样，是不是有大量的货运交通在中心城区穿越，在建的工地是不是很多。如果在建的工地非常多的话，可能它隐含的信息是这座城市这几年的发展速度非常快，也预示着未来几年的新增建设项目可能会减少。

在现场探勘工作中，要结合实际的用地调查，熟记熟背用地分类标准。经过2011年国家标准的重新修订，用地分类包括了城乡用地分类和城市建设用地分类。前者包括了2大类，9中类，17小类用地；后者包括了8大类，35中类和42小类用地。

除此之外，在现场调查阶段，还要去关注城乡建筑的质量，建筑的高度，建筑的风貌，建筑的年代，有时还要对重点地段的交通流量进行观测，对重点

地区做出针对性的调查，比如风景区、工业矿区，以及重要的项目布点等，这些都是非常重要的现场工作。

除了上述调查内容之外，部门调查是获取资料的重要环节。通过部门调查，可以获得更为完整深入的城市信息。通常和专业对口的单位是规划局或者建设局，该部门掌握了所需要的很多重要资料，是到达调研城市后需要最先去拜访的部门。一般而言大家在抵达调研城市之前，建设局或者规划局已经提供了一些基本的资料，但通常离的预期会有一些差距。所以，更深入的部门调查是必要的。

通常而言，每一座城市的部门数量少则 30 个，多则可能 40 或者 50 多个。在短时间内去这么多部门调研，很多资料会有交叉、有重叠。比如人口信息，涉及的部门不只是统计局，还有公安局（户籍人口信息）、劳动社会保障局（农民工）等；比如交通信息，涉及的不只是交通局、还有规划局和发改委（关于一些新建的重要道路的信息，选址的意向等）等。

为了使工作能够高效顺利开展，首先要对各个部门进行分类。良好的分类能够提高部门调研的效率。前文已述，每座城市的部门构成会有差别，这就需要对城市的各个职能部门情况有事前的详尽把握，避免分类与当地实情不符。关于部门分类，各带队教师有自己的工作习惯，对调研部门的分类也有所差别。以下是传统的习惯的部门分类，供大家在现场调研时参考，即经济和社会发展板块、规划和建设板块、公共设施板块、交通板块、市政基础设施板块和乡镇街道板块。

6.1.3 部门访谈的要领

总体规划调研时，除了基本的资料调取以外，还需要针对性地对个别部门进行访谈。访谈并不是依次提问和对方回答这么简单，一次愉快顺畅的访谈不仅能给双方一个好的心情，也能够让调查者获得更加真实和深入的信息。访谈的顺利开展需要一些技巧。

首先，访谈者需要做好前期预备工作。通常访谈的对象是当地政府部门的领导或者是非常熟悉业务的同志。为了能够在短时间内与其顺畅沟通，让对方愿意积极配合访谈，首先要清晰地了解该部门的职能范畴，避免在交谈中让人觉得是外行。比如去公安局调查，就不能是去访谈墓地的情况，这一职能一般是在民政局。比如访谈当地的地质灾害情况，就不能去商务局，也不能去人社局，因为这一职能不在这些部门。

其次，最好能够事先清晰地掌握各职能部门可能提供的资料情况。对访谈部门的资料情况的把握，会大大提高工作效率。更为重要的是，调研时要明确哪些资料是必须拿到的，哪些是可能拿到的，前者有时可能需要费些周折，即使这样也是必须的。

此外，在去部门访谈时，要注意访谈对象的办公室的陈设，通常他们的办公室都会有一个小书架，或者一个小储藏柜。这个书架实际上是一个很好的信息渠道，它里面可能会存放一些事先没有掌握的相关材料。在调研的时候要对之多加注意，遇到重要的材料，可以向他们借阅。即使当时无法直接借阅这些资料，也可以将其大体信息记录下来，过后可以通过其他的渠道获取。有时这些意外的收获对的规划编制工作会起到意想不到的启示作用。

6.1.4 社会调查的工作方法

城市规划在向城乡规划转变，规划方法也从"自上而下"为主向"上下结合"转变。所以在总规现场调查过程中，越来越多地会涉及一些社会调查。尤其是当下城乡统筹发展的关键时期，除了关注城市，还会更加关注乡村，而社会调查是乡村地区资料获取的关键环节。总规的社会调查包括对城乡空间和大地景观的调查，也包括对居民的访谈和问卷等。

其一，在空间场所的调查中，可以去观察城市的广场或者公园等人员稠密的地方，要观察这些重要的城市公共空间的使用情况，这将对城市公共空间规划提供一个判断的基础。也可以去调查居住区的居民入住情况和社区活力，调查产业园区内工人的生活情况，这些调查都会对的规划编制有益。

其二，问卷是公众参与的重要环节。问卷包括封闭性问卷、开放性问卷和半开放性问卷。封闭性问卷是指调查者事先对调查问题设定好了可选择的答案，调查者只能在问卷预设的范畴内思考并回答，其优点是统计便捷，缺点是对问卷内容的设定有较高要求；开放性问卷与之相反，调查者只提出问题，被调查者按照自己的逻辑去回答问题，其优点是被调查者可以充分表达自己的观点，缺点是不易整理，且缺少信息引导的情况下被调查者的思考深度经常难以达到预设要求；半开放性问卷是兼具封闭性问卷和开放性问卷的特点，针对特别重要的问题或者难以提供预设选项的问题采取开放式结构，对一些可以"预设选项但难以完全覆盖各种情况"的问题，增加一个开放选项，允许被调查者填写自己的其他想法。问卷内容可以包括居民对城市生活的满意度、对基础设施的满意度，对优化公共服务的建议，对城市发展方向的建议等，这与调查对象的特点密切相关。有时候在做问卷分析的时候，会觉得某些居民反映的问题非常重要，事后还可能进行电话回访。

其三，居民访谈也是一个社会调查环节。除了问卷调查以外，应尽量寻找机会与当地居民充分交流。居民是城市的使用者，他们对城市的各方面设施运行最有发言权，虽然很多时候居民的批判性意见过于强烈。通过与居民的面对面交流，可以更好地把握民生所需。

在居民访谈中，首先最好是带着问题去访谈居民；其次，要对访谈的问题，事先做好各种引导内容的准备。比如如果直接让居民去谈城市的发展问题，他可能很难谈出内容来，但是如果加以引导（对外交通、市政设施，公共服务等），那么访谈的内容会更加容易让居民接受，居民也就可以谈出一些更切合实际的想法，比如城市发展的历史、医院的配置、学校的配置、城镇化的意愿以及近期大项目选址的看法、开发区的建设等，这些信息对总体规划编制有重要的启示意义。

其四，访谈退休干部是一个很好的、快速了解城市发展关键问题的渠道。一般而言，每座城市都有很多退休的老领导和老干部，他们对当地发展的历史信息掌握得比较全面，多年的工作经验使他们对城市发展形成了自己的理解判

断。虽然有些已经时过境迁，但通过对他们的访谈来了解城市历史的变迁，对规划编制有很重要的参考意义。

6.1.5 市政、环保、防灾现状调研

(1) 调研内容

在总体规划调研中的市政、环保、防灾三个调研大项，从特点来看，调查点多、面广、量大，任务是比较艰巨的。本方面的调研要求，一是不缺漏，因为涉及的项目非常多，单位非常多，容易产生缺项漏项的情况；二是分层面，从地域上来看，一般分为大区域、市县域以及城市这三个层面，在时间上，可分成历史、现状和现有相关规划三个层面；三是有重点，一般情况下，要抓住水资源的状况、城市的安全以及节能减排这三个方面重点来进行调研。当然，调研时也要主动研究现有的一些资料，结合当地的特点来确定其他的调研重点。

本方向调研的具体内容非常多。市政基础设施部分分为给水、排水、电力、通信、燃气、供热、环卫等子项系统，以及各子项系统的供需量、设施的布局、管网的布局、部门的发展规划和计划等。环保部分包括污染物的排放量、环境监测的状况、污染大户的状况，以及环保部门的计划和规划。防灾部分有防洪防涝（滨海城市还有防潮汛）、抗震、消防、人防、防地质灾害等子项系统，包括针对各种类型灾害的防灾标准、设施、规划、计划等一系列的内容。

由于调研内容多，所以在事先要拟好调查的提纲和调查的表格，并提前发放到相关单位，让他们对调研有所准备。拟定调研计划和调研表格的时候，应有专业性、针对性。如果不是很有把握的话，不建议单纯使用填报表格的调研形式，因为如果只使用表格，表格内容可能与调研单位的统计方法不同，会产生一些误解和混淆，所以一般建议调查表格与调查提纲共同使用，并及时进行沟通和解释。

(2) 调研对象

市政基础设施调研涉及的单位非常多。水务部分（包括水资源、水利、水电、给水、污水排水、防洪防涝等）主要涉及水务局、海洋局、流域管理委员会等单位；雨水排水、燃气、供热、环卫等方面，主要归建设系统的建设局或规划局管理；电力部分归电网公司和电厂管理；通信部分主要有中国电信、中国移动、中国联通等三个大公司管理，此外还涉及其他的一些通信服务公司以及无线电管理委员会这样一些机构。在进行深化细化调研时，还牵涉到上述单位的一些下属单位或机构，比如说自来水公司、污水处理厂、燃气公司、供热公司、热电厂、环卫所以及各种管线公司等。涉及节能减排的有关调研，还可能涉及发改部门。

环保的调研主要对口单位是环保局。环保局的调研内容中，也可能牵涉到市政基础设施部分的环卫、供热以及污水处理这样一些内容。

防灾调研往往涉及水务局、地震局、抗震办、人防办、消防队等一系列的单位。

一般情况下，调研组到达现场以后，应该和当地的规划部门做核对工作，对上述各部门的名称和主管内容进行核对，再把相应的调研提纲和表格发到相

关的单位。

（3）调研方法

市政、环保、防灾的调研方法，主要有部门走访、踏勘、资料查阅等。

在进行部门走访的时候，应注意这样一些要点。一是要主动热情的去接触相关的部门和人员，体现主动性；二是相关的知识准备要做得充分，应使用相关的专业术语来索要基础资料，调研关注的问题；三是要叙述清楚总体规划和各专业规划的关系，因为很可能这些部门自己已经编制了规划，应阐明现在编制的总体规划和各部门的规划计划的关系，以及总体规划对这些部门的重要性，使其对总规调研工作给予足够的支持；四是要介绍清楚专业部门在后续工作中的地位和作用，说明他们参与规划的重要性，提高其参与规划的积极性；各部门除了提供资料，还要参与规划方案讨论，以及规划成果的审核，这些部门一定要参与到总体规划的工作中来。

部门走访中，不能只是收集资料，而且要去了解该领域存在的一些问题和规划的设想，这是非常重要的。进行访谈前，应对存在的问题预先进行判断，到了这些单位以后，提出这些问题，请相关人员从本部门的角度来谈谈他们的想法。这对于将来的规划是非常重要的。

除了部门调研以外，调研的方法还包括现场踏勘。在总体规划调研中，实地踏勘是必不可少的。实地踏勘过程中，要结合用地踏勘的工作记录相关设施的位置，并且落实在地形图上。在系统调查的时候，有时候还要在有关部门人员带领下重新踏勘重要的设施，以掌握更多第一手资料。

查阅现有资料是非常重要的调研手段。在调研前和调研过程中，现有的资料一定要认真地阅读并摘录重要内容，这些资料包括地方志、建设志、统计年鉴等。

（4）调研准备

在进行调研以前，要做一系列的准备工作。首先要准备区域层面的和城市层面的地形图，并准备一些绘图工具。去各单位调研以前，要带上纸、笔、比例尺等相关的绘图工具，以及数据存储设备；二是进行现有资料的预习和专业知识的复习，准备访谈的提纲和表格，现有的和调研相关的资料要先通读一遍，把其中的要点摘录出来，其中可能存在的问题，应列入调研提纲里，同时要复习一些专业知识；三是了解调查单位的业务范围，在调研之前要进行预约和联系，给调研对象一定的准备时间。

（5）注意事项

调研过程中，应要注意：首先调研的内容包括市县域和城市两方面的资料，不能缺漏；第二是图文资料全面收集，不能缺漏，专业部门的图纸有时和总规地形图的一些差异，是所谓的地理接线图或者是示意图，应做好衔接工作；第三是要注意资料年份，分清历史资料、现状资料和规划资料，要相对完整的收集这个部门的规划或者是计划的全部材料；第四是要注意保密问题，在调研的时候可能会涉及一些保密文件，还有一些资料涉及商业机密，应该按照保密方面的规定，尽保密义务；第五是要记录调研联系人和联系办法，因为总体规划编制的各个阶段，都需要与相关的部门进行沟通，所以要

记录相关的联系人和联系办法，建立长期的联系。

(6) 资料整理

调研告一段落以后，应及时进行调研资料的整理。首先要尽快审看资料，检查是否有缺漏的部分，可以及时进行补充调研；其次要进行现状图的清绘，应结合用地踏勘的成果进行校核，如果是设施、管线的定位出现一些问题的话，要及时搞清实际情况；第三是撰写基础资料汇编。

调研之后，还可以立即在资料整理的同时进行一些初步的数据分析，对于城市的发展一些关键问题，提出一些意见和建议。

现状图的绘制中，首先尽量采用坐标系统准确的矢量地形图作为底图进行现状图绘制，以保证位置和尺度准确；其次是根据图纸内容的多少，适当组合单项图，有些图可能反映的内容非常多，影响图面表达，这时候可能要进行适当拆分，有些图纸表达内容太少，则可以和其他的单项组合成图；第三是注意图例的规范，尽量采用一些标准图例，标准图例在我们的教材里面都有涉及；第四是注意现状图表达清晰，尽可能采用比较深的颜色来表现管网和设施，线条的粗细、标注字体的大小要跟图纸的大小相结合，在文本附图中，要能够看得见，在大幅面图纸上又不显得太大。对于绘制现状图的底图，对于线条的颜色、深浅、粗细、字体的大小这些方面，可以由整个项目组的讨论和研究决定。

6.2 城市规模预测方法

6.2.1 城市规模预测的内容和特征

城市规模预测包括了城市人口规模预测、城市建设用地规模预测。随着我国城市总体规划在内容范畴和空间范围上的拓展，从区域层面协调空间的合理使用成为城市总体规划的核心议题。空间或土地资源的有限性（无法通过运输进行调剂）和排他性，要求明确关键空间用途（用地）的需求，关键在于控制开发强度和不可逆性较高的土地利用方式——建设用地。鉴于人口及人类活动的空间集散在很大程度上影响了建设用地的数量和分布特征，故预测建设用地需求量常取决于人口。

"以人定地"具有以下优势：①人均建设用地规模具有较小的需求收入弹性。与经济指标相比，单位人口的建设用地需求相当稳定，体现为较小的收入需求弹性和个体差异性，如《庄子·逍遥游》中所言："鹪鹩巢于深林，不过一枝；偃鼠饮河，不过满腹"。②人口结构能够反映建设用地结构的差异。高社会阶层关注高端服务设施如休闲娱乐、文化教育，而低社会阶层关注医疗、基础教育等基本公共服务；老龄化人口对养老设施具有较高的要求，而年轻型人口对幼儿园、中小学教育等具有较高的要求。③人口是建设用地空间分布的表征。建设用地格局形成的根本原因在于人口的空间分布，因此人口空间分布构成了区域空间结构的重要表征。通过人口空间分布分析能够有效反映区域空间结构及其演变特征，从而为区域建设用地的空间分布及其变化趋势提供有益参考。

大多数的预测实践表明，预测是不准确的。但预测的不准确并不影响预测在规划中的重要作用：确保不出现数量级上的偏差而非数量上的偏差。尽管预测越准确效果越好，但实际上准确预测不可能（或成本太高）也无太大必要。

预测其实包括了两个过程——推导和预测，推导（Projection）指在特定条件下的假设陈述，即类似"若…则…"虚拟句式，预测（Precast）指对未来最大可能情况的判断陈述，多取决于主观感知与判断。尽管推导较客观，但同样也包括了观察数据、推导方法的选择等主观因素，而预测也可能包含客观因素，如规划师对区域发展现状与前景的认知。由于在推导和预测环节中存在着主观和客观的交织，若科学意味着必然性和客观性，则推导与预测至多只能说是"合理的"（Reasonable），而并非科学的（Scientific）。

6.2.2 人口调查与分析

（1）人口调查

A．统计口径与统计范围

1）统计口径

户籍人口，指户籍登记地在研究地区的人口，无论人口当前居住于何处。

常住人口为常住地在本地的人口，随着人口流动的增长，常住人口口径日益取代户籍人口。但常住人口一般仅在普查年份能够提供，或者在少数地区的统计年鉴中给出非普查年份估计数值，可采用内插法将非普查年份的户籍人口转变为常住人口进行分析（图6-2-1）。

图6-2-1 户籍制度下的人口统计口径
资料来源：自绘．

2）空间范围

城市总体规划主要关注城镇、区域和城镇总体（城镇化水平）三个空间范围。

统计部门常以政区作为人口统计的空间范围，未建立针对聚落的统计制度。但对规划而言，聚落人口比政区人口具有更有价值的信息。鉴于政区人口与聚落人口之间存在着不对应关系，需将政区人口资料转变为更有价值的聚落人口数据。即依据一定空间精度（乡镇、村居）上，依照聚落连续建成区的范围将涉及的政区人口重新集成为聚落人口，其集成方法包括合并（连续建成区变化多个政区）和拆分（多个连续建成区包含在一个政区内或涉及多个政区的部分地区）。

B. 主要数据来源

1）公安局户政科或统计年鉴

两者统计口径均为户籍人口，提供年度户籍人口总户数、人口数、性别比例、出生率、死亡率、自然增长率、迁入率、迁出率和机械增长率等。

2）人口普查资料和 1% 人口抽样调查

统计口径为常住人口，其"短表"包括人口的年龄、性别、文化程度、民族、就业等基本属性，"长表"为 10% 抽样人口的迁移状况、住房状况、收入来源等。1% 人口抽样调查一般在普查年份的中间年份进行（我国已进行 1987 年、1995 年和 2005 年调查），其调查数据与人口普调查内容基本一致。

3）其他

其他人口数据调查的来源包括：计划生育部门对出生人口和出生率有较为准确的调查；公安局治安部门的外来人口登记数据；建设部门村镇建设管理系统的村镇建设年报。

（2）人口分析

A. 人口调查分析的维度

人口调查分析与推导预测可从时间、空间和关系三个维度视角：趋势、分布和构成。此外，不同维度结合起来进行分析能够获得更有价值的信息，关系维度与时间维度结合能够反映人口结构的时间变化趋势，关系维度与空间维度结合能够反映不同区域的人口结构差异，时间维度与空间维度结合能够反映人口分布的变化趋势（图 6-2-2）。

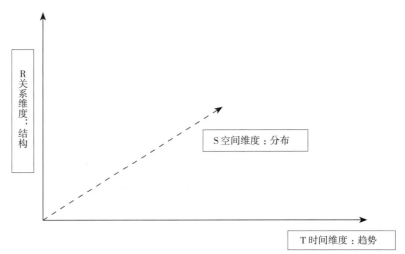

图 6-2-2　人口调查与分析的维度
资料来源：自绘.

B. 趋势分析

将人口观察数据以时间序列为自变量可很容易得到增长趋势图（图 6-2-3）。人口规模趋势常以人口增长率度量，即 $p_t=p_0(1+r)^t$，其中 t 为时间，p_0、p_t 为初始时刻 0 和 t 时点的人口，r 为 0-t 时段内单位时段 $1/t$ 的平均增长率。增长率通常以更常用的千分比‰表示，意味着每千人基数的平均人口增量。增长

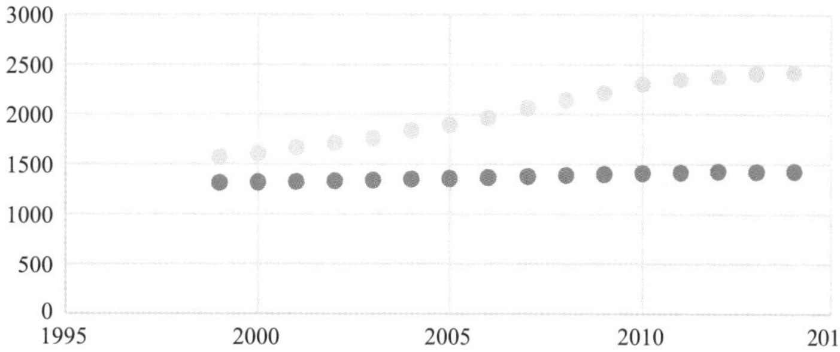

图 6-2-3　1999~2014 年上海市常住人口（上）和户籍人口（下）变化趋势（单位：万人）

资料来源：根据上海市统计年鉴、人口统计公报数据绘制 .

率度量通常以年为时间单位，更为一般化的是瞬时增长率 r' 其定义公式为：$p_t=p_0e^{r't}$。

为对人口趋势动因进行分析，还可对人口增长率进行分解。人口增长率为自然增长率和净迁移率之和。自然增长率主要取决于人口本身，由出生率减去死亡率得到。净迁移率则是更多受到外部环境影响的迁移行为的结果。迁移对人口变化的影响通过迁入率减去迁出率进行度量。值得注意的是，迁入率与对象人口的关系更弱，因为迁入则完全与研究对象人口无关，因此而迁入率则完全可能大于 1（而迁出率不可能大于 1）。上述关系可用人口平衡方程表示：$r=r_n+r_m=r_b-r_d+r_{im}-r_{om}$，它可以使我们进一步明确出生、死亡、迁入、迁出四个人口过程对人口变化的贡献率。上海市 2000 ～ 2010 年常住人口增长率充分体现了我国大城市人口趋势中缓慢的自然增长、严格的户口控制和大量的人口流动特征（图 6-2-4）。

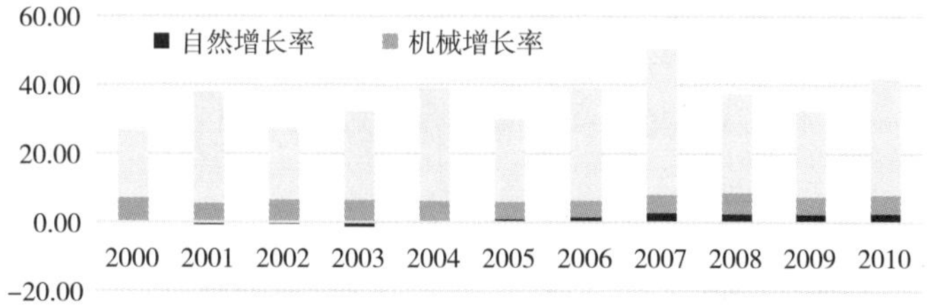

图 6-2-4　2000 ～ 2010 年上海常住人口增长率构成（单位：‰）

资料来源：根据上海市人口统计公报数据绘制 .

C. 构成分析

性别年龄为最基本的人口构成，在很大程度上决定了人口自然增长率和迁移（主要是迁出），因此也影响了未来的人口性别年龄结构，从而导致对设施的需求差异。性别年龄结构通常以人口百岁图（或金字塔）形式表现，可迅速直观地反映人口的年龄性别结构（图 6-2-5）。

教育程度构成体现了人口素质的高低，非农业人口比例体现的是享有完整市民全的城镇人口比例，教育水平与城镇化质量都是反映社会经济发展的重要指标，因此也是人口分析的重要内容。

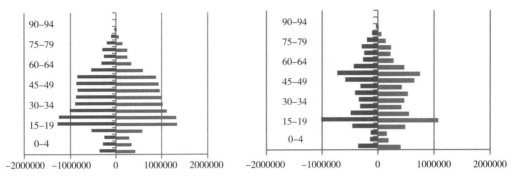

图 6-2-5　上海市 2010 年常住人口（左）和户籍人口（右）百岁图
资料来源：根据上海"六普"资料绘制.

户籍构成反映了不同人口的身份认同和不同的福利待遇，我国的户籍制度将人口分为农业人口和非农业人口，两者在就业、入学、住房等社会福利方面存在着较大的差异，一般认为，拥有非农业户籍意味着具有完整的市民身份，因此非农业人口比例常被视作城镇化质量的体现。随着我国人口流动的加快，对特定地区而言，在原有农业、非农业户籍差异的基础上，又形成了本地户籍和非本地户籍的差异。

D. 空间分布

城市总体规划中的人口空间分布分析关注但不限于城镇化率。

传统计划经济时期，关系维度的农业－非农业人口划分与空间维度的农村－城镇人口划分基本上是严格对应的，但随着人口流动（非户籍迁移）的增加，两者的失配日益明显。从含义上说，城镇化水平反映的是人口的空间过程，即人口在空间上向城镇的集中程度，而非农业人口是市民权利的覆盖程度，前者反映了城镇化的量，后者反映了城镇化的质。

人口空间分布不仅可以基于人口规模及其结构，也可针对人口趋势，因此构成了区域空间格局分析的重要手段（图 6-2-6）。

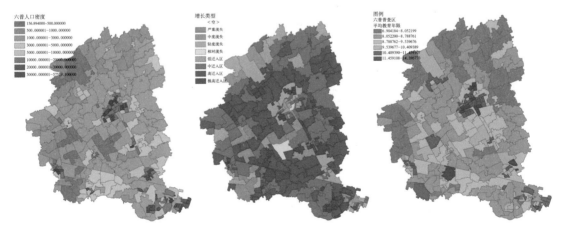

图 6-2-6　嘉定区常住人口"六普"人口密度（左）、"五普"－"六普"增长率（中）和
"六普"平均教育年限（右）（暖色调表明高值）
资料来源：根据上海市嘉定区"五普"、"六普"数据绘制.

6.2.3　人口的推导方法

（1）推导的基础：观察数据与基本假设

A. 观察数据

推导都是基于一定的观察数据基础上，观察数据尽管是客观的，但观察数据选择无法排除主观性。因此需对观察数据的选择确定一些原则：现状数据构成了观察数据的最后时间点，观察数据时段与推导年限基本一致。

B. 基本假定

推导方法均是建立在一定的假设前提基础上，根据推导假设前提的类型，可以将推导分成趋势导向型和目标导向型。

趋势导向型预测的基本假定是：人口变化趋势稳定并延续到未来，如综合增长法的关键假定是：观察数据的人口增长率恒定并保持到推导时段内。

目标导向型预测的基本假定为：人口与外部相关因素的比例关系稳定并持续到未来，并通过已知未来的相关因素推导未来人口。如劳动平衡法中的外部相关因素为主要产业用工量。

（2）趋势外推法

A. 综合增长法

综合增长法采取简单算术计算进行推导，其公式为：$p_t=p_0(1+r)^t=p_0(1+r_n+r_m)^t$，其中 p_0 为基期（现状）人口，t 为推导时段长度，p_t 为推导末期人口，r、r_n 和 r_m 为人口增长率、自然增长率和机械增长率。显然其基本假定为在推导期限内 r 或者 r_n、r_m 保持恒定，因此关键问题在于各种增长率的确定，其中观察数据的平均增长率是重要参照。

B. 趋势模型方法

趋势模型方法直接根据人口变化的时间趋势进行回归分析，即在人口增长趋势图的基础上建构人口与时间的回归模型进行推导。趋势模型方法根据公式可分为多种类型，常见的有线性模型、指数模型、抛物线模型和逻辑斯蒂模型，每种模型都隐含着不同的基本假设（表6-2-1）。

趋势模型方法　　　　表6-2-1

模型	公式	假定
线性模型	$p_t=a+b\cdot t$	年增长量 b 恒定
指数模型	$p_t=ae^{bt}$	年增长率 r 恒定
二次多项式模型	$p_t=b_{1t}^2+b_{2t}+a$	线性（一级导数恒定）与非线性（二级导数恒定）混合
逻辑斯蒂曲线模型	$p_t=\dfrac{p_m}{1+ae^{bt}}$	实际增长率与内禀增长率、增长空间 $(1-p_m/p_t)$ 呈正比

资料来源：改自 Xinhao Wang & Rainer vom Hofe, Research methods in urban and regional planning：106-107, table3.16.

同一观察数据可基于不同的假定采用不同的度量和趋势模型，但哪种拟合模型效果较好？对此可通过两种不同的判断，首先是感性的直观判断，利用观察数据生成人口时间趋势散点图，根据形状可大致判断增长曲线的形式；其次

是模型对曲线的拟合度 R^2 值，一般而言，R^2 值越大则表明拟合程度越高，但需要注意的是，仅当因变量相同时 R^2 才有比较意义，若两种方法的因变量分别为人口 p 与其对数 inp 则 R^2 不具可比性。

（3）因素相关法

目标导向型推导又称因素相关法，其相关因素分为外生驱动因素和内部制约因素两类。驱动因素指引起人口发生非常态变化的巨大外生动力，制约因素为伴随着人口常态发展的内在资源环境约束。因素相关法具有原理简单、计算方便的特点，但其缺点也是十分突出的，主要表现在以下几个方面：需要考虑因素众多、关系复杂；要素关系恒定性假设存在质疑；因素相关法要求未来的相关因素是已知的，因素相关法为推导的推导，进一步降低了其可信度。

A．劳动平衡法

劳动平衡法遵循"产业—劳动力—人口"分析路径，通常适用于大型项目主导的发展模式，为计划经济时期常用的方法，随着计划经济向市场经济的转变，劳动平衡法已经逐步失去价值，但在大型项目主导型发展的情况下仍有一定价值。

其公式为：$P=B+S+F=B\alpha\beta$

其中 P 为人口，B、S、F 为基本人口、服务人口和被抚养人口，α 为劳动人口与基本人口之比，β 为总人口与劳动人口占之比即带眷系数。

B．承载力法

研究客体的人口增长除取决于包括人口自身的社会经济发展以外，还受到资源和环境等内在制约因素限制。城市规划编制办法中，要求提出环境、资源保护与利用的战略，实质是要求明确人口（决定了开发规模和强度）与资源、环境承载力的关系。

承载力方法可统一表达为如下公式：$P=M/m$，其中 P 为人口，M 为区域资源量❶，m 为人均最低或最适资源，但问题在于 m 的确定十分困难，m 值的确定受研究目标和价值判断的影响。

（4）区域分配法

A．人口推导方法拓展

人口推导方法的发展趋势包括两个方面：从动因的角度进行推导，从单一区域转向多区域转变。队列成分法从人口构成角度分析人口变化动因并能够确定未来的人口结构。空间分配法在给定区域人口总量的前提下将人口分配到次级空间单元中。多区域模型则将人口构成、人口分布综合进行考虑，从多区域角度通过出生、死亡和迁移等人口过程进行人口结构和分布的综合推导。鉴于篇幅限制，此处主要介绍区域分配方法。

区域分配法关注在区域总人口推导数据已知的前提下对区域人口分布进行推导，城市总体规划中应用较多的为城镇化率推导和城镇规模结构推导。

B．城镇化率推导

1）联合国法

联合国法实质是一种趋势外推法，即通过假定城乡人口比的增长率恒定进

---

❶ 生态足迹也体现为"生物性生产土地"的资源量。

行推导，其公式为：

$$\frac{pu_t}{1-pu_t}=\frac{pu_1}{1-pu_1}e^{URGD \cdot t}$$

$$URGD=\left[l_n\left(\frac{\frac{pu_2}{1-pu_2}}{\frac{pu_1}{1-pu_1}}\right)\right]/(t_2-t_1)/(t_2-t_1)$$

其中 pu_t 为 t 时刻的城镇化率，t 为时间。很明显 $\frac{pu_t}{1-pu_t}$ 表示城镇乡人口比，而 URGD 为城乡人口比的增长率。

2）经济相关法

经济相关法建立在如下理论假设上：城镇化发展与经济发展水平正相关。通过人均 GDP 与城镇化率的观察数据可建立回归模型，将预期代入模型公式可得到预期的城镇化率。一般而言，城镇化率与 GDP 的对数呈线性相关：$U_l=a+b \cdot l_n$（GDP）。说明经济发展水平对城镇化的影响是逐步减弱的。

3）剩余劳动力转移法

由于农村资源（主要是农业土地）与农村所需劳动力具有一定的比例关系，剩余的劳动力将会按照一定比例转移到城镇地区，从而促进了城镇化率的提升。其公式如下：

$$P_u=P-P_r=P-\frac{S}{L}\alpha(1+\beta)(1+\gamma)$$

公式中的众多参数均为预期数据，其中 P_u 为城镇人口，P 为区域人口，P_r 为农村人口，S 为农用地数量，L 为单位农用地所需劳动力，α 为农村就业数与农业就业数的比例，β 为农村劳动力冗余率，γ 为农村劳动力带眷系数。如同所有的要素相关法类似，该方法需要大量的参数估计并假设其可延续到未来，不可避免掺杂了较多的主观性。

（5）城镇人口分布

A. 连续分布

城镇人口连续分布视角认为：区域内的城镇按其规模大小构成连续的序列，每个城镇的规模都不尽相同。连续分布通常以位序规模公式（Rank—Size）表示：$P_r=K \cdot r^q$ 或 $\frac{P_r}{r_q}=K$，其中 P_r 为第 r 位城市规模，r 为城市位序，K、q 为回归参数。

若未来城镇人口数 P、城镇数量 n 及位序 r 的预期已知，将观察数据拟合得到的参数 q 代入位序规模公式，可将城镇人口预期表达为：$P=\sum_{r=1}^{n}P_r=\sum_{r=1}^{n}Kr^q=K\sum_{r=1}^{n}r^q$，根据上述公式求出的 K 值即区域最大城市的规模 P_1，再根据公式 $P_r=\frac{P_r}{r^q}$，可得到其余所有城镇的人口。

B. 层级分布

城镇人口等级分布视角认为不同等级城镇规模差异较大而同等级城镇规模相近，其核心议题在于：寻求假定相等的各层级城镇规模。若已知区域总城镇人口平为 p_u，城镇体系共分为 n 个层级，相邻层级市场区的数量比即 k_i（$i=1$，2，……，$n-1$），可以推导出各级城镇的规模（图6-2-7）：

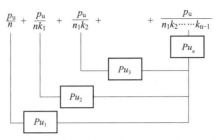

$$\frac{p_u}{n} + \frac{p_u}{nk_1} + \frac{p_u}{n_1k_2} + \quad + \frac{p_u}{n_1k_2\cdots k_{n-1}}$$

图 6-2-7　各层级城镇人口规模构成示意图

资料来源：自绘．

但是，立在中心地理论基础上的结论并未考虑工业等城市特殊职能以及城市日益重要的自我服务功能，较适用于工业化程度较低的传统农村地区，通常用于初步判断和校核。

6.2.4　人口预测

预测则是对未来最大可能的判断与选择，因其主导了观察数据、推导方法和推导结果的选择，通常将人口推导包括在人口预测内。

（1）观察数据与推导方法选择

前文已经述及观察数据选择，此处再论述方法选择。推导方法尽可能多样化并进行比较分析，尤其是推导方法所用假设的合理性，与观察数据的拟合程度，推导结果差异的原因分析。其中综合增长法与趋势外推法为必选方法，对于存在资源环境约束的情景必须采用承载力方法进行校核，对大型项目主导的发展应采用劳动平衡法。此外，对于增长动因不同的亚人口，应采取分区、分类方式分别进行推导，并与总体推导进行比较分析，检验是否存在较大差异及分析差异原因所在。

（2）推导结果选择

推导结果的判断选择时人口预测的最后关键步骤，面对要求列出的多种推导结果，需给出最大可能性选择的依据并进行综合。

鉴于"适中"的选择往往是可能性最大的结果，而极端值可能性较低，在推导结果综合时往往采用二项式系数权重进行加权平均，若有 n 个自高到低的预测结果，则第 r 个推导值的权重为：

$$C_{n-1}^{r-1} = \frac{(n-1)!}{(n-r)!(r-1)!}$$

6.2.5　建设用地规模预测

（1）人均建设用地指标法

依据人口预测用地的最常用方法为指标法。国家规范确定根据所处区域、规模状况和现状人均建设用地面积规定了人均建设用地标准及可调整区间界限。在此情况下，根据所处地区、城市规模和现状人均建设用地即可以通过确定规划期末的人均建设用地标准从而得到城市建设用地规模。

人均指标法仅从法规的角度为建设用地规模预测提供了便捷方法，但并未解决其合理性问题。例如，与国外相比尤其是发达国家相比，我国城市建设用地表现为生活居住地紧张而产业用地效率低下，反映了我国产业低端锁定的和"重生产、轻生活"的计划经济传统残留（图6-2-8）。

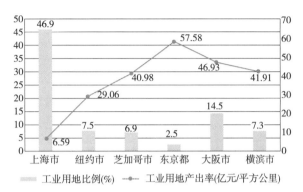

图6-2-8 世界若干城市工业用地比较
注：上海市数据为2010年，其余城市均为1980年代数据（1988、1990、1982、1985、1980年）。
资料来源：上海市规土局，《大城市老工业区工业用地的调整与更新》，转引自崔霁：
上海市工业用地发展的十大趋势．

（2）异速增长模型方法

相关研究表明，人口规模与建设用地并非简单的线性关系（图6-2-9），而是"幂律"关系。原因在于建设用地的度量是二维的，而建设用地的空间利用多数是三维的且具有不同的开发强度。即人口与用地呈"异速增长"关系，其关系可表达为下述公式：

$$P=\alpha L^{\beta}$$

其中 P、L 为人口规模和建设用地规模，α、β 分别为水平因子和强度因子。

将其转化为对数形式，则得到 $\ln P=\ln\alpha+\beta\ln L$，即人口与用地的对数存在线性关系而非人口与用地之间存在线性关系。利用观察数据可以得到上述公式的 α、β 参数估计，将该参数或其调整值代入公式即可根据未来人口预测值得到建设用地规模预测。

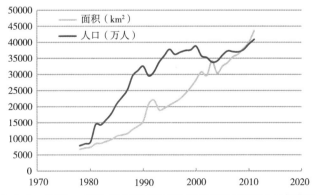

图6-2-9 1978～2011年中国城市建设用地面积与城市人口增长趋势
资料来源：根据中国城市统计年鉴数据绘制．

6.3 城市总体规划的技术支持

6.3.1 城市总体规划中的计算机辅助设计

本节将探讨城市总体规划编制过程中的计算机制图及辅助设计，也就是 CAD 技术在城市总体规划编制过程中的应用。涉及的主要内容有：城市总体规划各阶段所采用的计算机支持概述；城市总体规划中地形图的操作以及中心城区土地使用规划图；总体规划各层面计算机辅助设计技术的要点与注意问题。

（1）城市总体规划编制计算机辅助技术概述

城市总体规划编制具有综合性和系统性的特点，因此计算机应用过程中也需要强调软件的整合应用。当今计算机有两方面特点和趋势，一是速度越来越快，储存的空间也越来越大；二是移动性和机动性越来越强。当前城市总体规划中的计算机辅助设计，早已不是简单的画图和辅助表现，而是作为规划支持系统的一部分。

规划支持系统的功能在于提供规划智能信息及战略性决策的支持信息，使城镇能够确定、理解和应对开发变化和替代性的政策。规划支持系统为土地使用规划的决策过程当中导入了人口、经济、环境、土地使用、交通和基础设施的关键数据和议题，并且整合为城乡的发展报告。由此可见城市总体规划中的计算机应用必须强调系统和整合。事实上，目前使用过程中也很难明确的区分 CAD 和 GIS 的界限，各种软件之间需要整合应用。

当前城市总体规划编制各阶段所采用的计算机辅助设计技术一览表 ❶　　　表 6-3-1

工作阶段	内容	应用软件
前期调研	地形图整理	AutoCAD（Raster Design、Civil 3d）／ Photoshop ／ ArcGIS
	用地 ／ 类型 ／ 面积识别、分类	AutoCAD ／ ArcGIS ／ Excel（Access）
	调查及数据整理	带有 GPS 的照相机（手机）、"航拍"设备，ArcGIS、Excel
	数据分类 ／ 建立 GIS 数据库	ArcGIS ／ Access
	数据查询与计算 ／ 数据叠合（用地评价、四区划分支持）	ArcGIS ／ Access
基础图纸处理	遥感影像处理 ／ 图斑分类识别	Erdas Imagine ／ Photoshop
	建成区边界矢量化处理、与土地部门的数据整合	AutoCAD ／ ArcGIS
数据整理	面积统计及 GIS 数据库生成	ArcGIS
	人口产业等社会经济数据整理	Excel
数据分析	相关分析 ／ 回归分析	SPSS

---

❶ 所列出的是当前常规应用的软件，规划院实际操作不仅限于此。

续表

工作阶段	内容	应用软件
专题研究及规划设计	社会经济数据分析（城镇体系）	SPSS／ArcGIS
	研究文本	Word／Indesign／Powerpoint
	方案设计及工程图纸	AutoCAD（Civil 3D）
绘图及成果表现	工程图纸	AutoCAD（Civil 3D）
	图纸着色及修饰	Photoshop
	设计分析图	Photoshop／Illustrator
	三维地形模型	ArcGIS
	多媒体演示	Powerpoint

当前城市总体规划编制各阶段所采用的计算机辅助设计的技术很多，如表6-3-1所示。从编制的过程来看，有以下这些。

首先是前期调研阶段。在调研出发之前需要预先进行地形图整理，目前使用最为广泛的软件就是 AutoCAD，其中有个 Raster Design 接口，如果拿到栅格文件，这个地形图处理的软件可以把扫描后的图片格式（如 TIFF 文件）转化为 CAD 矢量文件（DWG 文件）。此外，利用 ArcGIS 可以对地形图进行简化。踏勘现场之前应对现场土地使用情况做一个预判，根据地形图上的信息尽量做些解读，以提高调研效率。预判过程中可将规划部门提供的 AutoCAD 格式和土地部门提供的地籍图（一般是 GIS 格式）结合起来应用。今后地形图和地籍图也会走向统一的数据格式，各城市、乡镇会建构一个统一的数据平台。勘察现场时，最好携带具有 GPS 定位功能的照相机，手机拍照虽也有定位，但定位还不够精确，而照相机的 GPS 定位可以精确到 1～2m，完全可以满足总规中的用地调查需求和调查后的内业管理。当前也可以借助一些航拍设备，也就是捆绑照相机的无人机技术。当然要在获得飞行许可的前提下进行，利用该技术可以观察到人所不能亲自到达的用地现场，从录像和照片中鸟瞰土地使用场景。

然后是调研后的内业数据整理阶段。可借助 ArcGIS、Access、Excel 等软件来建立数据库。当前，打通数据壁垒，强调"多规合一"是趋势，城乡规划管理部门的城乡规划必须与土地管理部门的数据进行整合，尽量做到"两规合一"，这是一切基础数据工作的基础。基础平台搭建之后，接下来就是一些数据添加和整理工作，如添加人口、经济、社会等数据，并和基础数据库平台建立相关联系。ArcGIS 软件可以作为平台，完成数据建构、查询和分析的工作。此外，人口、社会经济的数据分析还会涉及 SPSS 等软件。专题研究、规划模拟阶段，软件应用涉及面广，可根据对象城市的主要问题和特点，有针对性地进行分析，并选择相应的计算机软件。

接着是总规方案的绘制。在阶段方案过程中建议贯彻文件矢量化原则，所有的规划图用 CAD 或 GIS 的格式保存，CAD 应注意底图尽量使用外部引用，不到最终的成果，不要转成 Photoshop。转成 Photoshop 以后，数据就和前面的数据库（CAD 或 GIS 的数据）分离了，这部分的工作建议大家到最后出阶段成

果的时候再导出到 Photoshop 工作，否则造成不必要的工作量增加。

最后是成果表现。总体规划中的图纸和其他成果的编制和表现阶段和城市设计、控规、详规所用的软件没有太大差异，目前的技术支持就是 AutoCAD、Illustrator、Photoshop 和 Microsoft Office 系列等。

（2）地形图的操作

地形图操作是一切涉及物质空间规划的基础，总体规划编制过程中需对总规中三个层次的土地使用地形图进行准备，即市（县／镇）域层面、规划区层面和中心城区层面。一般的地形图文件有两种格式，一种是栅格地形图，即图片，如 JPG 或 TIFF 文件，另一种为矢量，目前城建系统使用比较多的是 DWG 格式地形图（AutoCAD 格式），这些文件一般由测绘部门直接提供，而且文件一般比较大。中心城区的地形图，为方便开展规划调研，并且在规划编制过程中能够随时看清楚现状情况，必须在地形图上能够清晰的反映建筑的相关信息，应能够反映建筑使用性质和层数。但这样会引起数据量的增加，为加快工作的进度和效率，建议采用外部引用的方式，不要每张图都把地形图作为工作底图来直接使用，而是要插入外部引用文件（图 6-3-1、图 6-3-2）。

针对测绘部门提供的 DWG 地形图需要做如下的准备工作。

图 6-3-1　外部参照管理器

图 6-3-2　图像管理器

首先应对地形图中的很多没有必要细分的层进行整合，建议把所有的图层都改成白颜色，也就是 7 号颜色，接着对整个外部引用的地形要建立一个图层，这个图层可以使用不同的灰色来表现（如果地形图中的所有地形要素设置为白色，则专题图中层所显示的颜色取决于专题图中该层的设置，而非地形图中层所设置的白色）。地形图中地形所有要素的颜色设置可根据各自的习惯，使用 250 号到 254 号的颜色，或者是 8 号、9 号颜色。一般，为保护视力，AutoCAD 的底色可设置为黑色。

接着可以通过 AutoCAD 中的"插入外部参照管理器"命令，来"附着"或者"拆离"地形文件。AutoCAD 的版本不同，命令所处的位置也不一样，这也是大部分的规划师还是愿意使用自己所熟悉的旧版本，如 AutoCAD2008，因为已经使用习惯了。由于 AutoCAD 软件是一个基础平台，新版本软件虽越来越庞大，但能够支持规划基础工作的功能并不会有明显改善。

目前总体规划的编制有三个层次：县（市）域城镇体系，规划区，以及中心城区。相应地形图也有三个层次，应采用不同的比例。在县（市）域城镇体系规划层面，一般选用 1：10000 到 1：100000 的地形图比例，中心城区必须是 1：500 或者 1：2000，规划区使用的底图比例范围跨度比较大，从 1：500 一直到 1：100000，因为规划区的图往往需要拼接，中心城区直接采用测绘部门提供的中心城区底图，中心城区以外的，可以用县（市）域城镇体系规划所用的图作为底图。从工作的经验来看，一般选用 1：5000 到 1：20000，以方便后期的专题分析和表达。

地形图还有另一种格式：栅格格式的地形（图 6-3-3、图 6-3-4），它的特点是显示速度快，打印成果方便，但无法提供精确的坐标。城市总体规划的编制成果，不需要地块边界线、道路中心点等精确的坐标定位，可使用栅格图像格式作为地形底图。

栅格图像文件作为底图使用，需采用 Bitmap（位图）的格式，往往使用 tiff 的格式进行存储，这种位图模式有个特点，在 AutoCAD 中插入地形文件时可透明显示地形图，这种图形文件在地形图使用过程中具有文件量小，显示速度快的特点。作为栅格图像也需要建立相关地形图专用图层，图层可以使用不同的灰色，250 号到 254 号的颜色，也可使用 8 号、9 号颜色。通过 AutoCAD 菜单中的【插入】／【图像管理器】来附着栅格图像的文件。在 AutoCAD 菜单中可以选择图像属性中的透明选项，输入"on"，打开透明显示参数，即可把位图格式的底图设置成透明。如果无法进行透明显示，则有可能底图不是位图模式，需在 Photoshop 中将图片的模式从"灰度或 RGB"模式改为"位图"即可。必要的时候还可以使用图像边框的选项，输入"关闭"，可以关闭图像的边框。要注意，在插入栅格图像时，因为栅格图像没有坐标，而且在扫描的时候可能旋转了一定的角度，所以在 CAD 中需用旋转和缩放命令来进行纠正，事先应在扫描的图纸中做好一定长度的记号、一定长度的标注，比如标准控制的网格线，便于扫描后在 AutoCAD 中进行比例和方向的矫正。

举例说明，一般所用的规划区范围的地形图如图 6-3-3 所示，地形图最好能够直接获取矢量的、有准确坐标的图纸，但往往现实过程中还会遇到纸

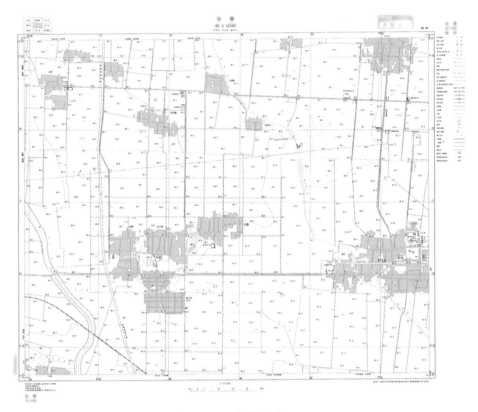

图 6-3-3 扫描地形图

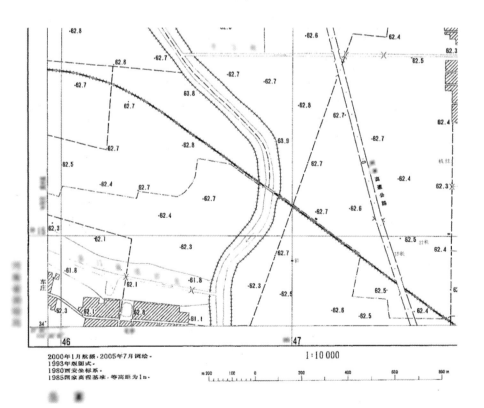

2000年1月航摄, 2005年7月调绘。
1993年版图式。
1980西安坐标系。
1985国家高程基准, 等高距为1m。

1:10 000

图 6-3-4 扫描地形图 (局部放大)

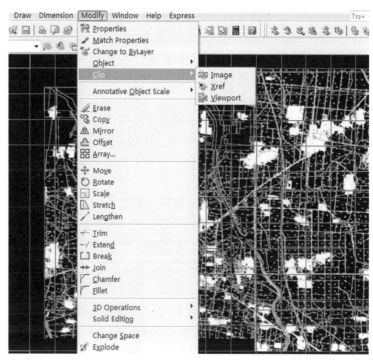

图 6-3-5 地形图对齐坐标

质的地形图文件，需要把纸质文件进行扫描，作为工作底图。放大显示这张图（图 6-3-4）可以发现这张纸质地形图是 1 : 10000 的图纸，上面有网格线，这些网格线的间距就是现实中 1km 的距离，通过 AutoCAD 里面的命令，可以把这张栅格图调用进来，然后再把它校准到预先设置好的红色网格当中（图 6-3-5、图 6-3-6），这样便实现了栅格文件的坐标匹配。

图 6-3-6 地形图对齐坐标（局部放大）

以上操作过程可能会产生一些误差。总体规划成果不强调坐标完全绝对精确，允许出现可控范围内的误差，在扫描过程中总有一些误差不可避免会出现，在 AutoCAD 中尽量把这些误差控制在 0.8m 范围之内，如果要精确进行误差的校正，CAD 很难进行操作，只能由 GIS 软件来完成，例如利用 ArcGIS 软件可以进行接边，这样可以把从不同的部门获得的不同区块地形图拼接起来。还有一类应用是"不规则伸缩"，可以通过这一操作把不同部门提供的底图校准到一个坐标。实践中也可以使用影像图来配准规划。一些需要地形图的规划专题图也可以用遥感的影像图片直接作为规划底图，如县（市）域综合交通规划图。

（3）中心城区土地使用规划图

中心城区的土地使用规划图是总体规划中十分重要的一张图，所要表达的要素有：道路红线、水系蓝线，水系，地块边界等。图中的层应符合总体规划的要求，涉及道路网控制的图有很多层，但总规编制过程中，只需要道路红线、水系等，其他不需的层都可以冻结，冻结后可以加快速度。比如道路缘石线这个层在总体规划里不需要表达，应该冻结。

土地使用规划图有不同的方法来绘制，一般最常用的是用 AutoCAD 中的 HATCH 功能来完成填充（图 6-3-7、图 6-3-8），实践中也可以采用基

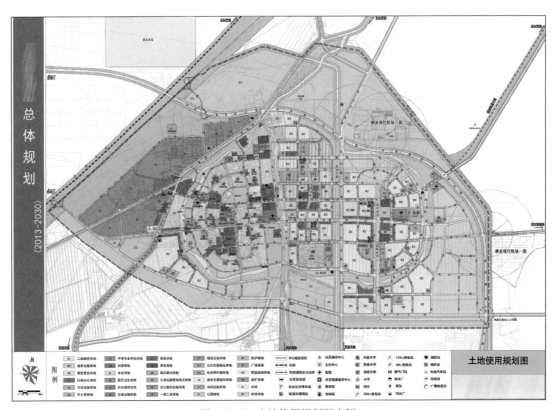

图 6-3-7　土地使用规划图实例
资料来源：某城市总体规划.

图 6-3-8　土地使用规划图实例（局部放大）

资料来源：某城市总体规划.

于 AutoCAD 的《湘源控制性详细规划》软件，应特别注意湘源控制性详细
规划的版本，土地使用分类必须根据《城市用地分类与规划建设用地标准》
GB 50137—2011。

建议使用 ArcGIS 直接完成专题图的绘制，无论是用 CAD 还是 GIS，不管
使用哪种方法，表现成果的目标是一致的，就是提供有颜色色块的分类的土
地使用图，但 CAD 没有数据库支撑，ArcGIS 可以。以前，"增量规划"占据规
划主要业务量的时期，CAD 是大家应用最广泛的，也是比较熟练应用的软件，
用 HATCH 填充用地性质，在使用过程中显得比较随意，就像画草图一样自如。
GIS 一开始的设置复杂些，但后期的数据管理优势很明显。用 ArcGIS 生成的专
题图可以有很强的分析和表现力。当然这涉及工作人员的作图习惯，大部分
人还是习惯用 AutoCAD 做增量规划。CAD 熟练的规划师也许由于多年的习惯，
在 GIS 中制图和修改总感觉不适应。接下来，由于存量规划的业务逐渐增多，
再加上数据平台的一体化建设要求，建议即使总规成果是 CAD，也应转入 GIS
来进行数据管理和后续分析。

（4）规划各层面的技术要点和注意问题

编制过程中的技术要点和需要遵循的原则有：标准原则、分层原则、统一
原则、可读原则、整数原则和整体原则等。

A. 标准原则

必须按照国家的相关标准、规定制图，比如对于土地使用分类，应根据

《城市用地分类与规划建设用地标准》GB 50137—2011，做好各种图例，清楚、规范的表现各类用地。

B. 分层原则

无论是 CAD 还是 GIS，一定要分层明确。注意"0"加上"-"的应用，如果加上"0"，这些层可以在最前面来表达出来，方便大家进行查找。

C. 统一原则

要注意坐标一旦确定，不能随意更改，如果坐标随意更改，将来会遇到很大的问题，不能进行衔接。

D. 可读原则

注意表达内容的可读性，文字的标注，强调在 A3 的法定图纸中必须能够清楚显示。在绘图过程中尽量增加图纸的信息量，如公共设施的信息、单位的信息等。

E. 整数原则

图框、道路和用地的边界，尽量保持整数的原则，比如在规划商业区，商业的地块自道路红线 Offset 20m、30m、50m……，这些用地边界的控制尽量是整数。

F. 整体原则

要注意整体关系必须非常明确，重点要突出，各个专题图要表现的重点应清楚，底图作为下一个层次，起到衬托的作用。

（5）总体规划中的计算机辅助技术发展趋势

A. 地形图与基础数据

总规中的地形文件今后会是一个基础数据库，根据需要进行不同比例的显示。

地方有时出于军事等考虑，坐标保密，给设计单位的地形图可以进行坐标平移，但需牢记平移的参数，以便完成后平移回去，再入数据库。规划管理部门的地形图一定是基于数据库建设和管理，给规划设计部门的基础数据底板中基本地形可以用 JPG，道路红线、河湖水系蓝线、铁路线形等要素文件应是矢量图，便于规划完成后直接入数据库。

B. CAD 和 GIS 技术的互动

在很多应用的层面已分不清楚 CAD 和 GIS 两者的技术界线。从整个发展趋势来看，GIS 的应用会越来越广泛，尤其在多规整合的数据平台建设中具有优势。在县（市）域城镇体系规划和总体规划层面，CAD 将来会越来越弱化其支持作用。

C. 数据衔接

城市总体规划阶段计算机辅助支持的工作应尽量为以后城市中的控制性详细规划和修建性详细规划阶段创造良好的数据基础，以便以后后续规划编制工作能够顺利展开。

D. 数据分析

总体规划编制工作的方法未来可能会发生一定的变化，必须应对数据时代的到来，计算机辅助的技术也应有所改变并不断进步。

6.3.2　城市总体规划中的 GIS 应用

地理信息系统（GIS）是城市规划的重要技术工具，在城市总体规划编制的多个阶段都能提供技术支持。虽然在城市总体规划编制不同阶段的 GIS 应用各有不同，但从技术角度出发，最常用的两项应用是专题制图和土地适宜性评价。

（1）专题制图

A．专题制图的目的

在城市总体规划中制作专题地图的目的是揭示某种事物的空间分布特征，采用可视化方式从数据中发掘更多的信息。所谓空间分布特征就是看属性值随着与空间位置变化之间是否存在规律。例如，通过制作某县各个乡镇的居住人口密度图，可以从中发现人口密度较高的乡镇空间分布的特征。也许能从图中观察到居住人口密度从县城为中心向周围密度递减的分布规律。

专题制图是按空间事物按属性值分类，采用可视化表达方法揭示空间分布特征。分析空间分布模式，有助于掌握事物分布演变的规律，发现事物的成因，为相关决策提供依据。例如，通过某县各个乡镇的工业产值地图，发现工业产值比例占总产值 60% 以上乡镇都沿某条国道分布，从中推测出国道交通便利条件也许是影响这些乡镇工业发展水平的因素。

专题制图中选择合适的分类方法、适宜的分类数量是两个关键因素。

B．专题制图中的分类

专题制图中采用不同分类方法，会对制图的效果产生直接影响。不同的分类方法对应不同的制图目的。在城市总体规划阶段专题制图中，常用的分类方法有自然间断点法、分位数分类法、等间隔分类法、手动分类法四种类型。四种类型各有特点和适用场合。

1）自然间断点分类

自然间断点分类是使用一种数学算法，按某项属性，按组内差异最小，组间差异最大的原则，自动优化分类。使用自然间断点法时，需要先确定分组数量，系统计算优化后产生断裂点，形成分组区间。计算的依据是尽量缩小组内差异，扩大组间的差异。这种分类方法能反映属性值的分布特征，得到的区间值是自动计算产生的。

自然间断点分类方法的优点是适合于分布不均匀的属性，将呈现聚集分布的数据自动划为一组。使用自然间断点法分类，进行专题制图尤其适合于发现属性高值、低值的空间分布特征。

自然间断点法也有一定的缺点。由于分类的数值是针对每一项属性数据值分布而计算产生的，分类值不能用于不同数据集的相互之间比较。当属性值的数值分布均匀时候，也太不适合用自然间断点法进行分类。

从城市总体规划中应用专题制图的目的出发，要发现事物的空间分布规律，实际上就是要显示出高值、低值的空间分布特征。自然间断点分类方法依据数学算法，自动确定属性值的高值、低值区间，尤其适合于发现事物的空间分布规律。因此，自然间断点法是城市总体规划中最常用的专题制图分类方法

（图 6-3-9）。

2）分位数分类

分位数分类法是城市总体规划制图中常用的一种分类方法。分位数分类方法是先设定分类的组数，分类后每个区段间的要素个数相同，实际上是一种等数量分类方法。分类时，对属性值按从高到低进行排序，将要素数量除以设定的分类组数，得到每一个组内要素数量；按顺序将位于低值的要素赋予最低级的分组，至组内数量满后再赋予下一个分组，直至全部要素分组完毕。例如，如果某个要素类中有 100 个要素，按分位数分类法分为 5 组后，每一组内就包含 20 个要素。分位数分类法适合于表达单个要素在整个数据集中的相对位置。在图 6-3-10 中，要显示人口密度在前 20% 的乡镇，就采用分位数分类法分 5 类，最高一组就是人口密度处于前 20% 的乡镇。

分位数分类法的优点是适合于数值分布均匀的属性，也适用于数值分布不均匀的属性，能突出显示某个要素与其他要素之间的相对数值关系。当某个要素类的属性值分布比较均匀，采用自然间断点法不能很好识别其空间分布规律时，就可以使用分位数分类法制图，用于分析事物的空间分布特征。

分位数分类方法也有一定的缺点。由于分类点的数值根据每组内要素数量产生的，数值非常接近的要素可能会被分在不同组别里，会导致夸大数据之间差异。尤其是数值聚集分布情况下，可能出现数值非常接近的两个要素被分类到不同组别中，也可能出现数值差距很大的两个要素被分类到同一组别中。

3）等间隔分类法

等间隔分类法是分类后每一组的上下限差值相同，分类的组数由用户输入，系统自动计算出每一组的数值上、下限值。例如，按属性数值 0 ~ 150,

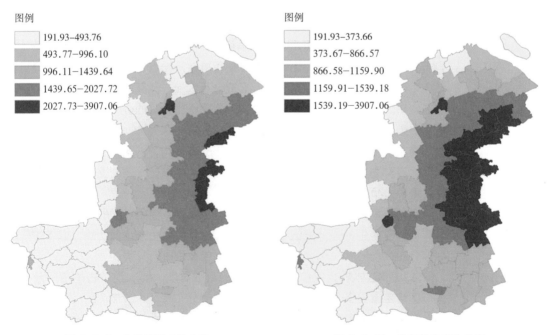

图 6-3-9　自然间断点法分类　　　　　图 6-3-10　分位数分类法分类

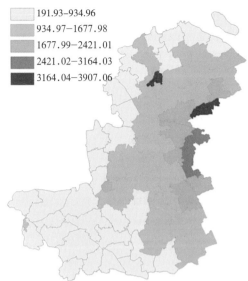

图例

191.93-934.96
934.97-1677.98
1677.99-2421.01
2421.02-3164.03
3164.04-3907.06

图 6-3-11 等间隔分类法分类

150 ～ 300，300 ～ 450，…，进行等间隔分类（图 6-3-11）。等间隔分类后，每一组内的要素数量不等，也许可能出现某一组内要素数量为 0 的情况。

等间隔分类法是符合传统地图制图的分级方式，由于每一个组内数值范围相等，也适用于非专业人员解释、理解。等间隔分类法适用于绘制连续分布的数据，而且数值大小本身意义非常明显的情况下使用。例如温度、降水量等。

等间隔分类方法的特点是如果数据值呈现聚集分布时，非常可能出现某个组中包含了许多要素，而有些分组中包含较少甚至没有要素。等间隔分类方法不适用于发现空间分布特征。

4）手动分类法

手动分类法是分类时每一组类别上、下限数值由用户人为确定，相应的分组级别数量也由人为制定。显然，使用手动分类法很难用于分析事物的空间分布规律。在没有 GIS 时，手动分类法是城市总体规划制图常用的方法。这是因为自然间断点、分位数等分类方法必须依靠一定数学方法计算实现，没有 GIS 时几乎无法使用。目前，使用 GIS 制图时，手动分类法已经很少使用。

在某些特定条件下，仍需要使用手动分类法。一般情况下，当该属性有既定分类标准或有公认的特定间断数值，就可以使用手动分类方法进行专题制图，使得图纸表达符合既定的分类要求。这大致包括了两大类的情形。第一种是有既定的分类标准，如国家标准、规范。例如，建设用地坡度制图时，有相应的国家标准，坡度 25% 以上不能建设，小于 10% 是适宜建设，相应分类可以用手动分类法，分为 <10%、10% ～ 25%、>25% 三个类别表达。第二种类型是有公认特定间断值。例如，如果全市户均人口数量为 2.6 人，制作家庭户均人口数量专题图时，可以用手动分类法分为 >2.6、2.6、<2.6 三个类别。

C. 专题制图中分类数量

分类数量是专题制图中另一个重要的议题。在确定了分类方法之后，分类数量不同也会影响专题图的表达效果。确定分类数量需要兼顾视觉的分辨能力、表达空间分布特征的清晰程度。第一，分级数量不宜过多。从人眼视觉的分辨能力来讲，一般人只能区分不超过 7 个类别色彩差。超过 7 个类别的色彩差就会导致难以直接区分具有相似数值的要素。第二，分级数量不宜过少，少于 3~4 级的分类也许不能清晰地显示出事物的空间分布特征。建议在制图时，采用 4~5 个类别的分类数量，既可以能够揭示事物空间分布特征，也不会使得读者产生混淆。

（2）土地适宜性评价

在城市规划领域，系统化地使用专题地图叠合方法进行土地适宜性分析与评价，可追溯到 1960 年代 Ian McHarg 的著作 Design With Nature（《设计结合自然》）。一般认为，早期 GIS 叠合分析方法从手工叠合获得启发。应用

GIS 进行叠合，不但减轻工作量，而且增强灵活性、提高精确性。至今，采用叠合分析的土地适宜性评价是 GIS 在城市规划中的典型应用之一。土地适宜性评价所采用的数据模型可以是矢量，也可以是栅格。在城市总体规划应用中，很多情况下直接采用简单的叠合方法难以解决，还需要加入其他方法配合使用。

A. 多准则决策分析的基本概念

多准则决策分析，在英语中称 Multi-Criteria Decision Analysis（MCDA），有时也称为多准则评价（Multi-Criteria Evaluation，MCE）。多准则决策分析产生于决策科学领域，是在多重因素影响下，可对一系列可行的候选方案，进行评价和决策。多准则决策分析与 GIS 叠合功能相结合，应用于城市规划。这一方法既发挥了 GIS 处理空间数据的优势，也发挥了多准则决策在构造决策过程、评价候选方案上的优势。两者结合，已成为土地适宜性评价的主流方法，在城市总体规划中有多种应用。

在多准则决策分析中，评价准则（Criteria）是一个重要的概念。准则是判断的标准，也是影响决策的因素。对土地适宜性，评价准则就是影响适宜性的多个因素。在不同准则之间，相对的重要性不同，需要引入权重（Weight）来衡量每一个准则的相对重要程度。

候选项（Alternative）是另一个重要概念。候选项是指供决策选择的不同可行备选方案。对于土地的适宜性，参与评价分析的每一个地块就是一个候选项。每一个候选项（即每个地块）在不同准则下得到的不同的评价得分（Outcome），是适宜性评价的基础。

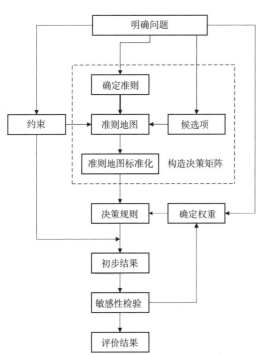

图 6-3-12 采用多准则决策分析的土地适宜性评价过程

结合 GIS 的多准则决策分析的基本过程可分为 4 个阶段：①构造决策矩阵；②确定准则权重；③应用决策规则；④敏感性检验（图 6-3-12）。

B. 构造决策矩阵

构造决策矩阵是多准则决策分析的基础。决策矩阵由参与评价的一系列候选项和评价准则组成。假设决策矩阵 C 是有 1，…，i 个候选方案，1，…，j 个准则组成，决策矩阵 C 可以表示如下：

$$C=\begin{bmatrix} C_{11} & \cdots & C_{i1} \\ \vdots & & \vdots \\ C_{1j} & \cdots & C_{ij} \end{bmatrix} \quad (1)$$

其中：每一列代表一个准则，每一行代表参加评价的一个候选项。C_{ij} 是第 i 个候选项，在第 j 个准则下的得分。构造决策矩阵又可以细分为确定准则、由候选项生成准则地图、准则指标标准化 3 个步骤。

1）确定准则

每个准则对应一个评价因素的细化，如坡度、地面高程、地基承载力等。将考虑到的多个因素，分解为单个准则。准则必须可以定量，使每个候选项获得评分值。有的准则无法直接用数量化的指标表示，必须设法转化为可定量的指标。每个准则之间必须相互独立，没有内容上的交叉，不存在多余、重复。

2) 确定候选项，生成准则地图

候选项就是参与评价的备选地块，在不同准则下，则表示为单准则评价后的得分专题图层，常称为准则地图（Criteria Map）。如果存在 J 个准则，决策矩阵就表达为 J 个准则地图（也就是 J 个专题图层）。候选项在相应准则下的得分体现在专题图层的某个属性值。

采用栅格数据模型，各专题图层的空间划分一致，每个栅格单元就是一个候选项。候选项在某个准则下的评价得分，就是对应专题栅格图层的单元属性值。采用矢量数据模型，各矢量多边形图层之间的空间划分会有所不同，但是仍用各专题的属性值表达各自的评价得分，等不同图层叠合之后，空间划分就变为一致，生成最终的候选项。

在生成准则地图时，还必须考虑约束（Constraint）的存在。约束是为了限制候选项，剔除备选方案中不符合要求的部分。例如，在评价城市建设用地时，要将自然保护区、基本农田等排除在备选方案之外，这些条件均可认为是约束。例如，如果认为坡度大于 25% 的区域不能建设，就应将坡度大于 25% 的区域纳入约束。在实际应用中，必须分清准则和约束的区别，防止将约束当成准则。

约束可表示成约束地图，与准则地图不同。采用栅格模型时，约束地图一般以逻辑值表示，对应的属性只有两种："1"表示逻辑"真"，即该候选项应纳入评价中；"0"表示逻辑"假"，即该候选项应排除。在确定候选项时，可以用逻辑叠合或乘法运算来剔除约束区域，生成准则地图。每一准则地图中，位于约束区域内的单元属性值均表达为 0，最终适宜性评价结果评分也将是 0。也可以先运用决策规则得出初步的适宜性评价图层，将其和约束图层进行逻辑叠合或做乘法运算，剔除评价结果中的约束区域。采用矢量数据模型，约束用多边形图层表示。用约束地图裁剪准则地图，从而剔除约束区域。

在生成准则地图时使用约束，该项工作属构造决策矩阵的一部分。如果将约束用在初步评价时，该项工作成为应用决策规则的一部分（图 6-3-4）。

3) 准则地图标准化

由于各个评价准则之间存在量纲上的不同，在实际应用中，需要对各个准则下的评价得分 C_{ij} 进行标准化处理，将所有原始得分转化为 0 ~ 1 之间的无量纲数值，使得各个准则下评价得分便于相互比较。通常使用线性比例转换法（Linear Scale Transformation），计算公式为：

$$C'_{ij} = \frac{C_{ij} - C_j^{\min}}{C_j^{\max} - C_j^{\min}} \quad (2) \quad 或 C'_{ij} = \frac{C_j^{\max} - C_{ij}}{C_j^{\max} - C_j^{\min}} \tag{3}$$

其中：C_{ij}' 是第 i 个选项在第 j 个准则下的标准得分；

C_{ij} 是第 i 个选项在第 j 个准则下的初始得分；

C_j^{max} 是第 j 个准则中最高得分；

C_j^{min} 是第 j 个准则中最低得分。

当准则要求最大化（得分越大，适宜性越好）时，使用公式（2），反之，该准则要求最小化（得分越小，适宜性越好），则应采用公式（3）。

C. 确定准则权重

准则权重用于衡量各评价准则之间的相对重要性。权重值越大，就表示该项准则越重要。权重的确定往往受人为因素的影响，但是要尽量减小人为因素所带来的误差，反映各项准则之间真实的相对关系。确定权重有多种方法，其中源于层次分析法（Analytic Hierarchy Process，AHP）的成对比较法，是最通用的方法。该方法通过准则之间的两两成对比较，产生一个比例矩阵，再计算权重值。关于成对比较法计算权重的原理和具体方法，本章就不再讲述。有兴趣的读者可以进一步查阅有关文献。

对权重也需要进行标准化处理，使所有的权重之和为 1。当存在 j 个准则时，所有的准则权重表示为（w_1，w_2，w_3，…，w_j），w_j 是第 j 个准则的权重，所有权重之和为 1（公式 4）。

$$\sum_{j=1}^{J} w_j=1 \tag{4}$$

D. 决策规则

决策规则就是将各个准则评价得分综合起来。在土地适宜性评价中，先将各个准则地图叠合起来，再根据这个决策规则，对各个准则地图中的评价得分 C_{ij} 与权重 w_j 作计算，有多种决策规则用于计算。常用的有简单加权法、协调法、理想点法等。其中，简单加权法（Simple Additive Weighting Method，SAW）较常用，也称为加权线性组合法（Weighted Linear Combination，WLC），其基本原理就是基于叠合，将各个准则地图和各自权重相乘，在叠合的同时累加求和，得到结果图层。简单加权法的计算公式为：

$$S_i=\sum_{j=1}^{J} w_j C_{ij} \tag{5}$$

其中，S_i 是第 i 个候选地块的最终得分，C_{ij} 表示决策矩阵中第 i 个地块在第 j 个准则下的得分，w_j 是第 j 个准则权重。S_i 值直接反映了适宜性评分的结果。由于 w_{ij} 和 C_{ij} 都经过标准化处理，计算得到的 S_i 值也介于 0～1 之间，S_i 值越大，适宜性越佳。

采用栅格模型，权重和准则图层相乘、不同图层叠合、单元属性相加可以一步完成，计算结果就是适宜性评价结果图层 S_i。

采用矢量数据模型，不同准则地图的候选项空间划分单元往往不一致，先将所有准则图层叠合起来，生成候选项，该图层中的每一个多边形就是一个备选地块，然后再根据公式（5），对叠合后图层的属性表进行运算，S_i 表示为该图层某一列属性的取值。

E. 敏感性检验

获得了以上各个候选项的适宜性评价结果,还要经过敏感性检验来检验前述的分析是否可靠。以上各个步骤,有很多因素是人为确定的,尤其是权重 w_j、候选项评价得分 C_{ij} 等。敏感性分析就是检验以上的决策过程中,得到的结果对 w_j 和 C_{ij} 取值变化是否敏感。

相比之下,准则权重的敏感性检验更为重要。与导致误差的其他因素相比,权重的变化对最终评价结果影响更大。如果权重的细小变化,最终各个候选项的优劣排名并不明显,那么可以认为权重的误差不明显,得到的结果比较可信。反之,如果权重的细小变化使候选项的最终优劣排名发生明显变化,就说明权重的误差不容忽视,需要重新考虑权重的计算过程,最终结果不可靠。

对准则地图的得分值做敏感性检验和对权重做检验类似,也是将数值在一定的范围内变化,观察候选项得分的优劣排名如何变化。在实际的应用中,候选项多、准则多,数据量过于庞大,对所有准则地图的得分数值做敏感性检验是十分困难的。为此一般方法是选择权重值大的准则地图,作为敏感性检验的重点。因为权重大,对误差也就有了放大的作用,同样范围内的误差,对决策结果的影响也会较明显。另外,如果初步评价结果中,多个候选项得分很接近,也是需要做敏感性检验的信号(图 6-3-13)。

F. 应用示例

本应用示例以土地适宜性评价方法用于城市总体规划阶段的用地布局。应用对象为某县城总体规划的前期工作。在规划范围内针对工业区适宜性进行评价,为新建工业区用地布局提供决策支持。

确定工业区适宜性评价准则为 5 个。"准则 m1"(与河流的距离),工业区应尽可能远离河流。"准则 m2"(与高速公路出入口的距离)和"准则 m3"(与省道的距离),两个准则共同反映了交通条件的优劣。"准则 m4"(与现有工业

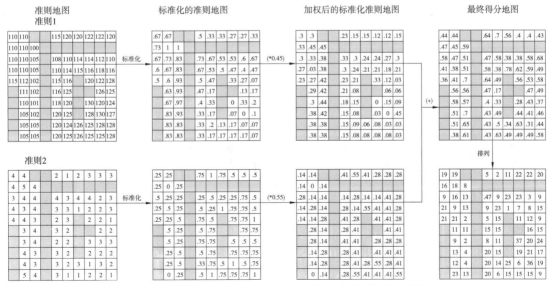

图 6-3-13　简单加权法用于土地适宜性评价(栅格模型为例)

资料来源:(宋小冬等,2010).

应用示例表   表 6-3-2

准则		准则地图生成方法	准则权重
工业区适宜性评价	m1 与河流的距离	河流图层作邻近区（buffer）	0.46
	m2 与高速公路出入口的距离	基于道路网络（Network）的服务区	0.11
	m3 与省道的距离	道路图层作邻近区（buffer）	0.05
	m4 与现有工业区的距离	土地使用图层作邻近区（buffer）	0.11
	m5 农村居民点的密度	土地使用图层与网格单元图层作叠合（overlay）	0.27

区的距离），反映新建工业区多大程度上可以依赖现有基础设施。选取"准则m5"（农村居民点的密度）衡量工业区建设的土地获取成本，农村居民点的密度越大，获取土地的成本越高，越不适于工业区发展（图6-3-14～图6-3-18）。

准则的权重和各个准则地图的生成方法如表1所示。工业区适宜性评价的5个准则地图相叠合，生成工业区适宜性评价结果图层，采用简单加权法计算工业区适宜性评分数值（图6-3-19）。

将叠合方法用于土地适宜性评价是GIS在城市规划中的传统应用。多准则决策分析与叠合相结合，使传统的土地适宜性评价在城市规划领域得到深化，不仅用于适建性评价，也可以扩展到用地布局适宜性之中。

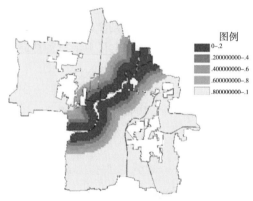

图6-3-14 标准化后的准则地图m1（与河流的距离）

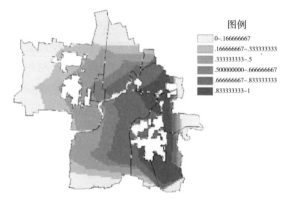

图6-3-15 标准化后的准则地图m2（与高速公路出入口的距离）

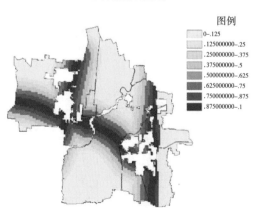

图6-3-16 标准化后的准则地图m3（与省道距离）

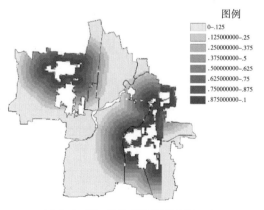

图6-3-17 准化后的准则地图m4（与现有工业区的距离）

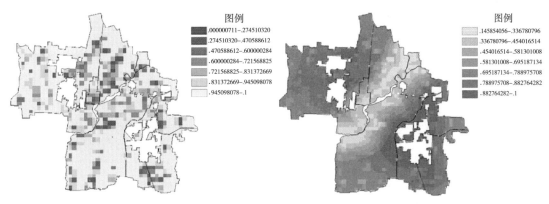

图 6-3-18　标准化后的准则地图 m5　　　　图 6-3-19　工业区适宜性评价结果图层
（农村居民点的密度）

由于矢量模型、栅格模型各自有不同的特点，适用于不同的场合。参与叠合的图层数量不多、适宜性评价的分类标准比较明确时，适合采用矢量模型。参与叠合的图层数量较多、适宜性评价结果的分类标准难以清晰界定时，适合采用栅格模型。

6.3.3　城市总体规划中的城市风廊道

（1）城市热岛

城市通风与城市气温存在紧密关系，二者密不可分。温室效应为大气层吸收地表反射的热量，导致全球温度上升的现象，造成温室效应的主要原因是温室气体的产生。在城市中，也存在着类似的温度升高现象，称之为城市热岛，此现象主要由城市化导致。在城市热岛研究中，"热岛强度"定义为城市内与周边乡村在同一时间点的最大空气温度差值。一般的大城市与周边存在至少三到五度的温度差，说明了城市热岛现象的严重性。

城市热岛主要有三个形成的原因。第一，自然表面的减少：人为的绿地砍伐，河川填平，将原本的自然环境开发为道路空间和居住空间，满足城市空间需求。缺少了绿化和水系，也就减少了蒸发蒸腾的降温，致使大气中的热量累积。第二，城市表面的增加：增加的城市表面和城市地表覆盖的建筑物、混凝土和柏油，使地面热容量大、反射率小。柏油道路白天吸热后可高于60℃，而空气温度若为30℃，这30℃的温差度会产生对流，将热量带到空气里。第三，人为排热：城市内部活动所产生的废热，包括机车辆废热与夏季使用空调设备时的排热。不仅如此，人为排热伴生的污染排放，包括一氧化碳、硫和氮的氧化物、多种有机物和微尘粒子等，导致空气质量的恶化。

城市温度升高的最主要因素之一是城市通风环境的恶化，阻挡了城市内风场流动。这种状况不仅出现在内陆城市，沿海城市也存在相同问题。因为水土的比热容不同，使得白天的风场由海边吹往陆地。这本是良好的自然条件，但是在城市内部，因为海景的需求，进行了很多高强度开发。这些过于密集的高层建筑阻挡，导致海风无法顺畅流入城市内陆，背风面产生滞留区域，造成城

137

市温度的差异。同时，这个温度差也造成建筑能源使用的浪费。

（2）城市风廊道规划内容

城市风廊道，不仅具有调节城市气候、减缓城市热岛、节约建筑能源的作用，更具有改善空气污染等多重效用。城市风道与通风环境从不同规划层级与尺度，有不同的观测意义及规划设计的重点。从大尺度的总体规划与控制性详细规划层级、城市街区尺度的风道分析、具体到小区与建筑尺度的小尺度风环境设计，需要进行一系列的完整多层次规划与设计。在进行城市总体规划布局时，应从宏观的规划基础层面上全面评估城市可利用的风环境系统。在已建成的城市区域，透过建筑密度和容积率等开发强度的指标和该规划范围的地形地貌的基础上，将盛行风导入城市，提升城市风环境。对新建的区域，应在规划构想阶段即将风廊道规划纳入城市整体空间规划评价中，透过城市气候的早期规划可有效实施城市风廊道管制策略。

（3）城市风廊道规划步骤

从总体规划尺度来讲，城市的风主要分成四个类型：第一个，盛行风：该地区某时段出现频数最多的风向，以统计方法分析出日、月、季和年等时段的盛行风向。第二个，海陆风：白天太阳升起时，因为陆地比热较低，温度上升比较快，海洋温度上升是比较慢，所以陆地这些上升气流，导引海风流入，夜晚刚好相反，由陆地吹往海外空间。第三个，山谷风：利用城市周边的山坡地形，将城市周边的山坡地上的清风、冷空气带往城市内部流动的风场。第四个，城市内部的公园绿地与河川的清凉风：公园内植被蒸腾与水体空间蒸发的冷空气，可借由风的流动把清凉风带到下游地方的周边环境。以下就两个国外范例讨论：

德国经验：德国斯图加特城市周边有山坡，属于盆地地形，随着人口的增长，汽车的数量增加，包括汽车产业的兴起，城市内有许多汽车废热与废气，导致空气污染严重。城市规划师与气象学者在城区内进行城市气候监测和环境监测，制定了利用周边山坡地形，导引山谷风的新鲜冷空气进入城市内部的城市风廊道规划策略来改善空气温度上升与空气污染的现象。城市风廊道规划主要有两个步骤，首先制作气候现况分析图（图6-3-20），根据地表的热力状况、地表粗糙度对空气流通的影响，土地使用分类，污染物排放状况等因素进行分析，此地图整合基本气候信息，包括各个区域的风玫瑰图或风速分布图以及气温分布图。气象站的资料数据可以直接使用，另也透过电脑模拟技术，掌握城市风流动情境。而作为空气污染源的基础资料包括主要干道的交通量信息，借此掌握高浓度污染分布的地区。借由现况基本图与土地使用图层，上面标有住宅区、商业区、工业区等，可得出城市气候分析图，图上会有标示不同长度的风向箭头，分别说明不同区域可能具备的不同程度的城市通风潜力，箭头越长的地区，代表它可能有更好的清凉风降温的效果，越短代表通风潜力较弱。箭头除了说明风流动的方向之外，也分两个主要的颜色，有白色和黑色，表示风环境的质量，白色说明是干净的空气质量风场流动，黑色则表示空气污染较为严重。图上会标示斜线不同深浅的区域，说明空气污染不同程度的地方。从气候分析图，可得出规划上实质的建议图，给予规划上实质建议。规划建议图针

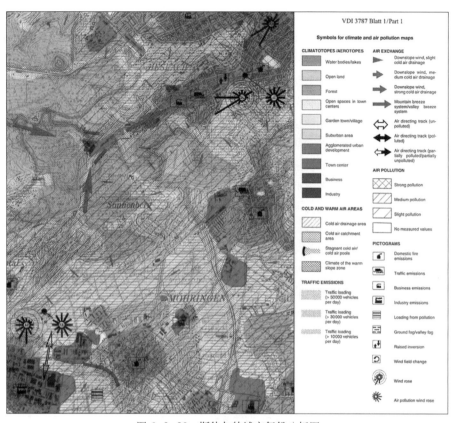

图 6-3-20　斯徒加特城市气候分析图
资料来源：VDI, 1997.

对开放空间或针对已开发用地，有三到四个类别的颜色分类，分别说明不同气候影响的敏感程度区域。在不影响城市气候地区的规划策略包括地区适合适度的开发，但处于城市通风廊道的重要区位，可列为限制开发区，或限制高度的管制区域。德国经验说明首要步骤必须掌握现况气候分析基本图层后，才能给予总体规划的城市风道建议。

　　日本经验：推展城市气候环境与规划应用研究，日本政府扮演重要的主导角色。东京都的城市风廊道策略，同样也分成两个步骤，首先进行现况气候分析图，根据分析的基础数据后，提出对策建议图，即所谓的规划建议图。现况气候分析图里面包含许多基础信息，思考更多的细致层面，其中主要包含地表面覆盖、城市形态、人为排热跟气象资料。地表面覆盖除了水面积分布，绿地面积分布，还有树木面积率，或柏油面积率等。城市形态可包括平均高度，平均的建筑宽度，建筑物面积的比例，与天空率的资料。人为排热，包含了建筑排放出来的废热、汽机车尾气的废热，或工厂的废热排放等。人为排热除了在空间上分布之外，也在时间上分布，依据土地使用的类别掌握时间轴跟空间轴的排热分布。气象资料，包括风速分布、风向，或者气温分布，配合不同区域的风玫瑰图，或以风环境模拟进行分析。通过以上的基本信息地图的叠图分析，可掌握城市气候的地域特性，得出现况气候分析图后，始可对总体规划尺度上的气候对策方针，包括海陆风、山谷风及公园风系统，提出城市通风廊道与城

市热岛的气候规划对策。东京都的城市气候分析更侧重于评估城市热环境，细分高密度的商业区或者住宅区，对于地表排热较严重的区域和人为排热较严重的区域，给予不同的分类基准（图6-3-21）。

（4）城市风廊道规划内容

总体规划尺度的城市风廊道以宏观层面制作城市气候现状分析图及城市气候规划建议图作为城市风廊道的规划导引与设计工具。城市风廊道将城市周边与内部的清凉风流经此廊道吹入市中心，形成流经地表粗糙度较低、地表显热较少区域及潜热排放较多的潜在城市风廊道，减缓城市热岛与空气污染。城市气候分析图上有不同大小的箭头长度与方向。盛行风／海风为城市降温最主要资源，另有山谷风箭头方向及城市内的河川、绿地、清凉风的箭头方向。现况气候分析信息的基础上，配合土地使用类别与开发强度，可以得出规划建议图。城市内对空气温度具有影响潜力的土地使用分布，除了工业、商业土地使用区域外，道路的沥青与水泥材质具有吸热并增加地表温度的特性，为潜在升温的土地使用类型。而农业、森林、水面、绿地等，表面保水、具吸收潜热、减少辐射量等，为具有潜力城市降温的土地使用。总体规划尺度的城市气候，需要实现的重要城市风道理念，整合串联周边的土地使用、绿地系统、水系流域及公共开放空间的连通来构建降温资源的城市通风廊道，让公园绿地不仅是一个单点的降温环境，形成一个蓝带、绿网的规划对策，结合土地使用、导引城市空间布局让城市风廊道发挥

图6-3-21　东京热环境地图
资料来源：TMG，2005.

最大生态效应。最后，风环境评估与风道设计需整合不同尺度规划层级，总体规划城市通风廊道须给予控制性详细规划尺度指导原则，以利未来协助延续推展接续小区或建筑设计上城市微气候的具体规划设计指导。

▓ 本章主要参考文献

[1] 艾尔·巴比．社会研究方法 [M]．10 版．北京：华夏出版社，2005．

[2] 安迪·米切尔．GIS 空间分析指南 [M]．张旸，译．北京：测绘出版社，2011．

[3] 李和平，李浩．城市社会调查方法 [M]．北京：中国建筑工业出版社，2004．

[4] 庞磊，钮心毅，骆天庆，等．城市规划中的计算机辅助设计 [M]．北京：中国建筑工业出版社，2007．

[5] 任超，袁超，何正军，等．城市通风廊道研究及其规划应用 [J]．城市规划学刊，2014 (3)：52—59．

[6] 宋小冬，叶嘉安，钮心毅．地理信息系统及其在城市规划与管理中的应用 [M]．2 版．北京：科学出版社，2010．

[7] 宋小冬，钮心毅．地理信息系统实习教程（ArcGIS10 for Desktop）[M]．3 版．北京：科学出版社，2013．

[8] 谢俊民，郑子捷．基于土地使用的城市风廊道规划策略 [C]// 2013 中国城市规划年会．2013．

[9] 杨俊宴，张涛，谭瑛．城市风环境研究的技术演进及其评价体系整合 [J]．南方建筑，2014，(3)：31—38．

[10] Hsieh C, Ni M, Tan H, Optimum wind environment design for pedestrians in transit-oriented-development planning[J].Journal of Environmental Protection and Ecology, 2014, (3A)：1385—1392.

[11] Hsieh C, Huang H, Lin F, Modeling of Ventilation Paths for Urban Block Scale by Spatial Analysis[J].The International Symposium on City Planning—Hanoi, Vietnam, 2014.

[12] VDI. VDI-Guideline 3787, Part 1, Environmental Meteorology Climate and Air Pollution Maps for Cities and Regions[S]. VDI, Beuth Verlag, Berlin, 1997.

[13] TMG. Guidelines for heat island control measures [summary edition][S/OL].[2008-11-16] http://www2.kankyo.metro.tokyo.jp/sgw/English/heatislandguideline.pdf (in Japanese).

附录1 相关法规

《城市规划编制办法》

（《城市规划编制办法》已于一九九一年九月二日经第十四次常务会议通过，现予发布，自一九九一年十月一日起施行。）

第一章 总 则

第一条 为了规范城市规划编制工作，提高城市规划的科学性和严肃性，根据国家有关法律法规的规定，制定本办法。

第二条 按国家行政建制设立的市，组织编制城市规划，应当遵守本办法。

第三条 城市规划是政府调控城市空间资源、指导城乡发展与建设、维护社会公平、保障公共安全和公众利益的重要公共政策之一。

第四条 编制城市规划，应当以科学发展观为指导，以构建社会主义和谐社会为基本目标，坚持五个统筹，坚持中国特色的城镇化道路，坚持节约和集约利用资源，保护生态环境，保护人文资源，尊重历史文化，坚持因地制宜确定城市发展目标与战略，促进城市全面协调可持续发展。

第五条 编制城市规划，应当考虑人民群众需要，改善人居环境，方便群众生活，充分关注中低收入人群，扶助弱势群体，维护社会稳定和公共安全。

第六条 编制城市规划，应当坚持政府组织、专家领衔、部门合作、公众参与、科学决策的原则。

第七条 城市规划分为总体规划和详细规划两个阶段。大、中城市根据需要，可以依法在总体规划的基础上组织编制分区规划。

城市详细规划分为控制性详细规划和修建性详细规划。

第八条 国务院建设主管部门组织编制的全国城镇体系规划和省、自治区人民政府组织编制的省域城镇体系规划，应当作为城市总体规划编制的依据。

第九条 编制城市规划，应当遵守国家有关标准和技术规范，采用符合国家有关规定的基础资料。

第十条 承担城市规划编制的单位，应当取得城市规划编制资质证书，并在资质等级许可的范围内从事城市规划编制工作。

第二章 城市规划编制组织

第十一条 城市人民政府负责组织编制城市总体规划和城市分区规划。具体工作由城市人民政府建设主管部门（城乡规划主管部门）承担。

城市人民政府应当依据城市总体规划，结合国民经济和社会发展规划以及土地利用总体规划，组织制定近期建设规划。

控制性详细规划由城市人民政府建设主管部门（城乡规划主管部门）依据已经批准的城市总体规划或者城市分区规划组织编制。

修建性详细规划可以由有关单位依据控制性详细规划及建设主管部门（城乡规划主管部门）提出的规划条件，委托城市规划编制单位编制。

第十二条 城市人民政府提出编制城市总体规划前，应当对现行城市总体规划以及各专项规划的实施情况进行总结，对基础设施的支撑能力和建设条件做出评价；针对存在问题和出现的新情况，从土地、水、能源和环境等城市长期的发展保障出发，依据全国城镇体系规划和省域城镇体系规划，着眼区域统筹和城乡统筹，对城市的定位、发展目标、城市功能和空间布局等战略问题进行前瞻性研究，作为城市总体规划编制的工作基础。

第十三条 城市总体规划应当按照以下程序组织编制：

（一）按照本办法第十二条规定组织前期研究，在此基础上，按规定提出进行编制工作的报告，经同意后方可组织编制。其中，组织编制直辖市、省会城市、国务院指定市的城市总体规划的，应当向国务院建设主管部门提出报告；组织编制其他市的城市总体规划的，应当向省、自治区建设主管部门提出报告。

（二）组织编制城市总体规划纲要，按规定提请审查。其中，组织编制直辖市、省会城市、国务院指定市的城市总体规划的，应当报请国务院建设主管部门组织审查；组织编制其他市的城市总体规划的，应当报请省、自治区建设主管部门组织审查。

（三）依据国务院建设主管部门或者省、自治区建设主管部门提出的审查意见，组织编制城市总体规划成果，按法定程序报请审查和批准。

第十四条 在城市总体规划的编制中，对于涉及资源与环境保护、区域统

筹与城乡统筹、城市发展目标与空间布局、城市历史文化遗产保护等重大专题，应当在城市人民政府组织下，由相关领域的专家领衔进行研究。

第十五条　在城市总体规划的编制中，应当在城市人民政府组织下，充分吸取政府有关部门和军事机关的意见。

对于政府有关部门和军事机关提出意见的采纳结果，应当作为城市总体规划报送审批材料的专题组成部分。

组织编制城市详细规划，应当充分听取政府有关部门的意见，保证有关专业规划的空间落实。

第十六条　在城市总体规划报送审批前，城市人民政府应当依法采取有效措施，充分征求社会公众的意见。

在城市详细规划的编制中，应当采取公示、征询等方式，充分听取规划涉及的单位、公众的意见。对有关意见采纳结果应当公布。

第十七条　城市总体规划调整，应当按规定向规划审批机关提出调整报告，经认定后依照法律规定组织调整。

城市详细规划调整，应当取得规划批准机关的同意。规划调整方案，应当向社会公开，听取有关单位和公众的意见，并将有关意见的采纳结果公示。

第三章　城市规划编制要求

第十八条　编制城市规划，要妥善处理城乡关系，引导城镇化健康发展，体现布局合理、资源节约、环境友好的原则，保护自然与文化资源、体现城市特色，考虑城市安全和国防建设需要。

第十九条　编制城市规划，对涉及城市发展长期保障的资源利用和环境保护、区域协调发展、风景名胜资源管理、自然与文化遗产保护、公共安全和公众利益等方面的内容，应当确定为必须严格执行的强制性内容。

第二十条　城市总体规划包括市域城镇体系规划和中心城区规划。

编制城市总体规划，应当先组织编制总体规划纲要，研究确定总体规划中的重大问题，作为编制规划成果的依据。

第二十一条　编制城市总体规划，应当以全国城镇体系规划、省域城镇体系规划以及其他上层次法定规划为依据，从区域经济社会发展的角度研究城市定位和发展战略，按照人口与产业、就业岗位的协调发展要求，控制人口规模、提高人口素质，按照有效配置公共资源、改善人居环境的要求，充分发挥中心城市的区域辐射和带动作用，合理确定城乡空间布局，促进区域经济社会全面、协调和可持续发展。

第二十二条　编制城市近期建设规划，应当依据已经依法批准的城市总体规划，明确近期内实施城市总体规划的重点和发展时序，确定城市近期发展方向、规模、空间布局、重要基础设施和公共服务设施选址安排，提出自然遗产与历史文化遗产的保护、城市生态环境建设与治理的措施。

第二十三条　编制城市分区规划，应当依据已经依法批准的城市总体规划，对城市土地利用、人口分布和公共服务设施、基础设施的配置做出进一步的安排，对控制性详细规划的编制提出指导性要求。

第二十四条 编制城市控制性详细规划，应当依据已经依法批准的城市总体规划或分区规划，考虑相关专项规划的要求，对具体地块的土地利用和建设提出控制指标，作为建设主管部门（城乡规划主管部门）作出建设项目规划许可的依据。

编制城市修建性详细规划，应当依据已经依法批准的控制性详细规划，对所在地块的建设提出具体的安排和设计。

第二十五条 历史文化名城的城市总体规划，应当包括专门的历史文化名城保护规划。

历史文化街区应当编制专门的保护性详细规划。

第二十六条 城市规划成果的表达应当清晰、规范，成果文件、图件与附件中说明、专题研究、分析图纸等表达应有区分。

城市规划成果文件应当以书面和电子文件两种方式表达。

第二十七条 城市规划编制单位应当严格依据法律、法规的规定编制城市规划，提交的规划成果应当符合本办法和国家有关标准。

第四章 城市规划编制内容

第一节 城市总体规划

第二十八条 城市总体规划的期限一般为二十年，同时可以对城市远景发展的空间布局提出设想。

确定城市总体规划具体期限，应当符合国家有关政策的要求。

第二十九条 总体规划纲要应当包括下列内容：

（一）市域城镇体系规划纲要，内容包括：提出市域城乡统筹发展战略；确定生态环境、土地和水资源、能源、自然和历史文化遗产保护等方面的综合目标和保护要求，提出空间管制原则；预测市域总人口及城镇化水平，确定各城镇人口规模、职能分工、空间布局方案和建设标准；原则确定市域交通发展策略。

（二）提出城市规划区范围。

（三）分析城市职能、提出城市性质和发展目标。

（四）提出禁建区、限建区、适建区范围。

（五）预测城市人口规模。

（六）研究中心城区空间增长边界，提出建设用地规模和建设用地范围。

（七）提出交通发展战略及主要对外交通设施布局原则。

（八）提出重大基础设施和公共服务设施的发展目标。

（九）提出建立综合防灾体系的原则和建设方针。

第三十条 市域城镇体系规划应当包括下列内容：

（一）提出市域城乡统筹的发展战略。其中位于人口、经济、建设高度聚集的城镇密集地区的中心城市，应当根据需要，提出与相邻行政区域在空间发展布局、重大基础设施和公共服务设施建设、生态环境保护、城乡统筹发展等方面进行协调的建议。

（二）确定生态环境、土地和水资源、能源、自然和历史文化遗产等方面

的保护与利用的综合目标和要求，提出空间管制原则和措施。

（三）预测市域总人口及城镇化水平，确定各城镇人口规模、职能分工、空间布局和建设标准。

（四）提出重点城镇的发展定位、用地规模和建设用地控制范围。

（五）确定市域交通发展策略；原则确定市域交通、通讯、能源、供水、排水、防洪、垃圾处理等重大基础设施，重要社会服务设施，危险品生产储存设施的布局。

（六）根据城市建设、发展和资源管理的需要划定城市规划区。城市规划区的范围应当位于城市的行政管辖范围内。

（七）提出实施规划的措施和有关建议。

第三十一条　中心城区规划应当包括下列内容：

（一）分析确定城市性质、职能和发展目标。

（二）预测城市人口规模。

（三）划定禁建区、限建区、适建区和已建区，并制定空间管制措施。

（四）确定村镇发展与控制的原则和措施；确定需要发展、限制发展和不再保留的村庄，提出村镇建设控制标准。

（五）安排建设用地、农业用地、生态用地和其他用地。

（六）研究中心城区空间增长边界，确定建设用地规模，划定建设用地范围。

（七）确定建设用地的空间布局，提出土地使用强度管制区划和相应的控制指标（建筑密度、建筑高度、容积率、人口容量等）。

（八）确定市级和区级中心的位置和规模，提出主要的公共服务设施的布局。

（九）确定交通发展战略和城市公共交通的总体布局，落实公交优先政策，确定主要对外交通设施和主要道路交通设施布局。

（十）确定绿地系统的发展目标及总体布局，划定各种功能绿地的保护范围（绿线），划定河湖水面的保护范围（蓝线），确定岸线使用原则。

（十一）确定历史文化保护及地方传统特色保护的内容和要求，划定历史文化街区、历史建筑保护范围（紫线），确定各级文物保护单位的范围；研究确定特色风貌保护重点区域及保护措施。

（十二）研究住房需求，确定住房政策、建设标准和居住用地布局；重点确定经济适用房、普通商品住房等满足中低收入人群住房需求的居住用地布局及标准。

（十三）确定电信、供水、排水、供电、燃气、供热、环卫发展目标及重大设施总体布局。

（十四）确定生态环境保护与建设目标，提出污染控制与治理措施。

（十五）确定综合防灾与公共安全保障体系，提出防洪、消防、人防、抗震、地质灾害防护等规划原则和建设方针。

（十六）划定旧区范围，确定旧区有机更新的原则和方法，提出改善旧区生产、生活环境的标准和要求。

（十七）提出地下空间开发利用的原则和建设方针。

（十八）确定空间发展时序，提出规划实施步骤、措施和政策建议。

第三十二条 城市总体规划的强制性内容包括：

（一）城市规划区范围。

（二）市域内应当控制开发的地域。包括：基本农田保护区，风景名胜区，湿地、水源保护区等生态敏感区，地下矿产资源分布地区。

（三）城市建设用地。包括：规划期限内城市建设用地的发展规模，土地使用强度管制区划和相应的控制指标（建设用地面积、容积率、人口容量等）；城市各类绿地的具体布局；城市地下空间开发布局。

（四）城市基础设施和公共服务设施。包括：城市干道系统网络、城市轨道交通网络、交通枢纽布局；城市水源地及其保护区范围和其他重大市政基础设施；文化、教育、卫生、体育等方面主要公共服务设施的布局。

（五）城市历史文化遗产保护。包括：历史文化保护的具体控制指标和规定；历史文化街区、历史建筑、重要地下文物埋藏区的具体位置和界线。

（六）生态环境保护与建设目标，污染控制与治理措施。

（七）城市防灾工程。包括：城市防洪标准、防洪堤走向；城市抗震与消防疏散通道；城市人防设施布局；地质灾害防护规定。

第三十三条 总体规划纲要成果包括纲要文本、说明、相应的图纸和研究报告。

城市总体规划的成果应当包括规划文本、图纸及附件（说明、研究报告和基础资料等）。在规划文本中应当明确表述规划的强制性内容。

第三十四条 城市总体规划应当明确综合交通、环境保护、商业网点、医疗卫生、绿地系统、河湖水系、历史文化名城保护、地下空间、基础设施、综合防灾等专项规划的原则。

编制各类专项规划，应当依据城市总体规划。

第二节 城市近期建设规划

第三十五条 近期建设规划的期限原则上应当与城市国民经济和社会发展规划的年限一致，并不得违背城市总体规划的强制性内容。

近期建设规划到期时，应当依据城市总体规划组织编制新的近期建设规划。

第三十六条 近期建设规划的内容应当包括：

（一）确定近期人口和建设用地规模，确定近期建设用地范围和布局。

（二）确定近期交通发展策略，确定主要对外交通设施和主要道路交通设施布局。

（三）确定各项基础设施、公共服务和公益设施的建设规模和选址。

（四）确定近期居住用地安排和布局。

（五）确定历史文化名城、历史文化街区、风景名胜区等的保护措施，城市河湖水系、绿化、环境等保护、整治和建设措施。

（六）确定控制和引导城市近期发展的原则和措施。

第三十七条 近期建设规划的成果应当包括规划文本、图纸，以及包括相应说明的附件。在规划文本中应当明确表达规划的强制性内容。

第三节　城市分区规划

第三十八条　编制分区规划，应当综合考虑城市总体规划确定的城市布局、片区特征、河流道路等自然和人工界限，结合城市行政区划，划定分区的范围界限。

第三十九条　分区规划应当包括下列内容：

（一）确定分区的空间布局、功能分区、土地使用性质和居住人口分布。

（二）确定绿地系统、河湖水面、供电高压线走廊、对外交通设施用地界线和风景名胜区、文物古迹、历史文化街区的保护范围，提出空间形态的保护要求。

（三）确定市、区、居住区级公共服务设施的分布、用地范围和控制原则；

（四）确定主要市政公用设施的位置、控制范围和工程干管的线路位置、管径，进行管线综合。

（五）确定城市干道的红线位置、断面、控制点座标和标高，确定支路的走向、宽度，确定主要交叉口、广场、公交站场、交通枢纽等交通设施的位置和规模，确定轨道交通线路走向及控制范围，确定主要停车场规模与布局。

第四十条　分区规划的成果应当包括规划文本、图件，以及包括相应说明的附件。

第四节　详细规划

第四十一条　控制性详细规划应当包括下列内容：

（一）确定规划范围内不同性质用地的界线，确定各类用地内适建，不适建或者有条件地允许建设的建筑类型。

（二）确定各地块建筑高度、建筑密度、容积率、绿地率等控制指标；确定公共设施配套要求、交通出入口方位、停车泊位、建筑后退红线距离等要求。

（三）提出各地块的建筑体量、体型、色彩等城市设计指导原则。

（四）根据交通需求分析，确定地块出入口位置、停车泊位、公共交通场站用地范围和站点位置、步行交通以及其他交通设施。规定各级道路的红线、断面、交叉口形式及渠化措施、控制点坐标和标高。

（五）根据规划建设容量，确定市政工程管线位置、管径和工程设施的用地界线，进行管线综合。确定地下空间开发利用具体要求。

（六）制定相应的土地使用与建筑管理规定。

第四十二条　控制性详细规划确定的各地块的主要用途、建筑密度、建筑高度、容积率、绿地率、基础设施和公共服务设施配套规定应当作为强制性内容。

第四十三条　修建性详细规划应当包括下列内容：

（一）建设条件分析及综合技术经济论证。

（二）建筑、道路和绿地等的空间布局和景观规划设计，布置总平面图。

（三）对住宅、医院、学校和托幼等建筑进行日照分析。

（四）根据交通影响分析，提出交通组织方案和设计。

（五）市政工程管线规划设计和管线综合。

（六）竖向规划设计。

（七）估算工程量、拆迁量和总造价，分析投资效益。

第四十四条 控制性详细规划成果应当包括规划文本、图件和附件。图件由图纸和图则两部分组成，规划说明、基础资料和研究报告收入附件。

修建性详细规划成果应当包括规划说明书、图纸。

第五章　附　则

第四十五条 县人民政府所在地镇的城市规划编制，参照本办法执行。

第四十六条 对城市规划文本、图纸、说明、基础资料等的具体内容、深度要求和规格等，由国务院建设主管部门另行规定。

第四十七条 本办法自 2006 年 4 月 1 日起施行。1991 年 9 月 3 日建设部颁布的《城市规划编制办法》同时废止。

《城市总体规划实施评估办法（试行）》建规〔2009〕59 号

第一条 为加强城市总体规划实施评估工作，根据《中华人民共和国城乡规划法》第四十六、四十七条的规定，制定本办法。

进行城市总体规划实施评估工作，应当依据本办法。

第二条 城市人民政府是城市总体规划实施评估工作的组织机关。

城市人民政府应当按照政府组织、部门合作、公众参与的原则，建立相应的评估工作机制和工作程序，推进城市总体规划实施的定期评估工作。

第三条 城市人民政府可以委托规划编制单位或者组织专家组承担具体评估工作。

第四条 城市总体规划的审批机关可以根据实际需要，决定对其审批的城市总体规划实施情况进行评估。

前款规定的评估的具体组织方式，由总体规划的审批机关决定。

第五条 城市人民政府应当组织相关部门，为评估工作的开展提供必要的技术和信息支持。各相关部门应当结合本行业实施城市总体规划的情况，提出评估意见。

第六条 城市总体规划实施情况评估工作，原则上应当每 2 年进行一次。

各地可以根据本地的实际情况，确定开展评估工作的具体时间，并上报城市总体规划的审批机关。

第七条 进行城市总体规划实施评估，可以根据实际需要，采取切实有效的形式，了解公众对规划实施的意见和建议。

第八条 进行城市总体规划实施评估，要将依法批准的城市总体规划与现状情况进行对照，采取定性和定量相结合的方法，全面总结现行城市总体规划各项内容的执行情况，客观评估规划实施的效果。

第九条 城市人民政府应当及时将规划评估成果上报本级人民代表大会常务委员会和原审批机关备案。

国务院审批城市总体规划的城市的评估成果，由省级城乡规划行政主管部门审核后，报住房和城乡建设部备案。

第十条　规划评估成果由评估报告和附件组成。评估报告主要包括城市总体规划实施的基本情况、存在问题、下一步实施的建议等。附件主要是征求和采纳公众意见的情况。

第十一条　规划评估成果报备案后，应当向社会公告。

第十二条　城市总体规划实施评估报告的内容应当包括：

（一）城市发展方向和空间布局是否与规划一致；

（二）规划阶段性目标的落实情况；

（三）各项强制性内容的执行情况；

（四）规划委员会制度、信息公开制度、公众参与制度等决策机制的建立和运行情况；

（五）土地、交通、产业、环保、人口、财政、投资等相关政策对规划实施的影响；

（六）依据城市总体规划的要求，制定各项专业规划、近期建设规划及控制性详细规划的情况；

（七）相关的建议。

城市人民政府可以根据城市总体规划实施的需要，提出其他评估内容。

第十三条　城市人民政府应当根据城市总体规划实施情况，对规划实施中存在的偏差和问题，进行专题研究，提出完善规划实施机制与政策保障措施的建议。

第十四条　城市人民政府在城市总体规划实施评估后，认为城市总体规划需要修改的，结合评估成果就修改的原则和目标向原审批机关提出报告；其中涉及修改强制性内容的，应当有专题论证报告。

城市总体规划审批机关应对修改城市总体规划的报告组织审查，经同意后，城市人民政府方可开展修改工作。

第十五条　省级城乡规划行政主管部门负责本行政区域内的城市总体规划实施评估管理工作，对相关城市的城市总体规划实施评估工作机制的建立、评估工作的开展、评估成果的落实等情况进行监督和检查。

第十六条　住房和城乡建设部负责国务院审批城市总体规划的实施评估管理工作，根据需要，可以决定对国务院审批城市总体规划的实施评估工作的情况进行抽查。

第十七条　没有按照规定进行城市总体规划实施评估的，上级城乡规划行政主管部门可以责令纠正。

经审查，报备案的评估成果不符合要求的，原审批机关可以责令修改，重新报备案。

第十八条　各地可以依据《城乡规划法》和本办法的要求，制定符合本地实际的评估工作办法或者实施细则。

第十九条　县人民政府所在地镇，垦区、森工林区、独立工矿区小城镇总体规划的实施评估工作，可以参照本办法执行。

《城市总体规划修改工作规则》
国办发〔2010〕20号

为了维护城市总体规划的严肃性，对报经国务院审批的城市总体规划修改工作程序和内容进行规范,依据《中华人民共和国城乡规划法》制定本工作规则。

一、报经国务院审批的城市总体规划修改适用本工作规则。其他城市总体规划修改工作规则，同省、自治区、直辖市人民政府参照本工作规则制定。

二、城市总体规划修改，要贯彻落实科学发展观，维护人民群众合法权益，正确处理局部与整体、近期与长远、需要与可能、发展与保护的关系，促进城市经济社会与生态资源环境全面协调可持续发展。

三、有下列情形之一的，组织编制机关可按照规定的权限和程序修改城市总体规划；

（一）上级人民政府制定的城乡规划发生变更，提出修改规划要求的；

（二）行政区划调整确需修改规划的；

（三）因国务院批准重大建设工程确需修改规划的；

（四）经评估确需修改规划的；

（五）国务院认为应当修改规划的其他情形。

四、拟修改城市总体规划的城市人民政府，应根据《中华人民共和国城乡规划法》的要求，结合城市发展和建设的实际，对原规划的实施情况进行评估。评估报告要明确原规划实施中遇到的新情况、新问题，深入分析论证修改的必要性，提出拟修改的主要内容，以及是否涉及强制性内容。

五、拟修改城市总体规划涉及强制性内容的，城市人民政府除按规定实施评估外，还应就修改强制性内容的必要性和可行性进行专题论证，编制专题论证报告。

城市总体规划的强制性内容包括：

（一）规划区范围；

（二）规划区内建设用地规模；

（三）基础设施和公共服务设施用地；

（四）水源地和水系；

（五）基本农田和绿化用地；

（六）环境保护控制性指标；

（七）自然和历史文化遗产保护区范围；

（八）城市防灾减灾设施用地；

（九）法律法规规定的其他内容。

六、修改城市总体规划，应按下述程序进行；

（一）省、自治区人民政府所在地的城市人民政府以及国务院确定的城市人民政府，向省、自治区人民政府报送要求修改城市总体规划的请示，经审查同意后，由省、自治区人民政府向国务院报送要求修改规划的请示。直辖市要求修改城市总体规划，由直辖市人民政府向国务院报送要求修改规划的请示。原规划实施评估报告和修改强制性内容专题论证报告，应作为报送国务院请示

的附件，一并上报。

（二）国务院办公厅将省、自治区、直辖市人民政府要求修改规划的请示转住房城乡建设部商有关部门研究办理。住房城乡建设部应及时对申报材料进行核查，提出是否同意修改及修改工作要求的审查意见，函复有关省、自治区、直辖市人民政府，并将复函抄送国务院办公厅。其中，对拟修改城市总体规划涉及强制性内容的，住房城乡建设部应组织有关部门和专家，对原规划实施评估报告和修改强制性内容专题论证报告进行审查，提出审查意见报国务院同意后，函复有关省、自治区、直辖市人民政府。

（三）城市人民政府根据住房城乡建设部复函组织修改城市总体规划，编制规划修改方案，进行公告、公示，征求专家和公众意见，并报本级人民代表大会常务委员会审议。修改后的直辖市城市总体规划，由直辖市人民政府报国务院审批；修改后的省、自治区人民政府所在地城市总体规划以及国务院确定的城市的总体规划，由省、自治区人民政府审核并报国务院审批。报批材料包括：城市总体规划文本图纸、修改方案专题论证报告、专家评审意见及采纳情况、公众意见及采纳情况、城市人民代表大会常务委员会审议意见及采纳情况和省、自治区、直辖市人民政府审查意见。

（四）国务院办公厅将省、自治区、直辖市人民政府的请示转住房城乡建设部商有关部门研究办理。住房城乡建设部应及时对报批材料进行初步审核，对有关材料不齐全或内容不符合要求的，应要求有关方面补充完善。

（五）住房城乡建设部组织专家和有关部门召开审查会，对修改后的城市总体规划提出审查意见。有关城市人民政府按照审查意见对城市总体规划进行修改完善后，由住房城乡建设部报国务院审批。

七、依法应当修改城市总体规划而城市人民政府未提出修改的，住房城乡建设部应会同有关省、自治区、直辖市人民政府督促其按法定程序开展规划修改工作。

住房城乡建设部关于印发《关于规范国务院审批城市总体规划上报成果的规定》（暂行）的通知
《关于规范国务院审批城市总体规划上报成果的规定（暂行）》
建规〔2013〕127 号

一、文本内容

按照《城市规划编制办法》（建设部第 146 号令），城市总体规划文本应包括市域城镇体系规划和中心城区规划两个层次。主要内容包括：

（一）市域城镇体系规划

1. 区域协调

落实和深化上层次城镇体系规划要求，提出与周边行政区域在资源利用与保护、空间发展布局、区域性重大基础设施和公共服务设施、生态环境保护与建设等方面的协调要求。

2.市域空间管制

（1）确定生态环境（自然保护区、生态林地等）、重要资源（基本农田、水源地及其保护区、湿地和水系、矿产资源密集地区等）、自然灾害高风险区和建设控制区（地质灾害高易发区、行洪区、分滞洪区等）、自然和历史文化遗产（风景名胜区、地质公园、历史文化名城名镇名村、地下文物埋藏区等）等市域空间管制要素；

（2）依据上述空间管制要素，确定空间管制范围，提出空间管制要求。

3.城镇化和城乡统筹发展战略

（1）预测市域总人口及城镇化水平；

（2）明确市域城镇体系，重点市（镇）的发展定位、建设用地规模；

（3）提出城镇化和城乡统筹策略，村镇规划建设指引。

4.交通发展策略与组织

（1）提出交通发展目标、策略；

（2）明确综合交通设施（公路、铁路、机场、港口、市域轨道和主要综合交通枢纽等）的功能、等级、布局，以及交通廊道控制要求。

5.市政基础设施

（1）提出市域市政基础设施发展目标与策略；

（2）明确能源、给水、排水和垃圾处理等区域性重大市政基础设施布局和建设要求。

6.城乡基本公共服务设施

（1）提出城乡基本公共服务均等化目标、要求；

（2）确定市域主要公共服务设施空间布局优化的原则与配建标准。

7.市域历史文化遗产保护

（1）明确市域内各历史文化名城（含历史文化街区）、名镇、名村保护名录和保护范围，提出保护原则和总体要求；

（2）提出其他古村落的风貌完整性等保护要求。

8.城乡综合防灾减灾

（1）提出城乡综合防灾减灾目标；

（2）明确主要灾害类型（洪涝、地震、地质灾害等）及其防御措施，根据需要提出危险品生产储存基地的布局和防护要求。

9.城市规划区范围

10.规划实施措施

（二）中心城区规划

1.城市性质、职能和发展目标

2.城市规模

（1）预测城市人口规模；

（2）确定城市建设用地规模和范围。

3.城市总体空间布局

明确城市主要发展方向、空间结构和功能布局。

4.公共管理和公共服务设施用地

（1）确定公共中心体系；

（2）明确主要公共管理和公共服务设施（行政、文化、教育、体育、卫生等）用地布局。

5.居住用地

（1）提出住房建设目标；

（2）确定居住用地规模和布局；

（3）明确住房保障的主要任务，提出保障性住房的近期建设规模和空间布局原则等规划要求。

6.综合交通体系

（1）提出城市综合交通发展战略，明确交通发展目标、各种交通方式的功能定位，以及交通政策；

（2）确定对外交通设施的布局，提出重要交通设施用地控制与交通组织要求；

（3）确定城市主要综合客货运枢纽的布局、功能与用地控制；

（4）确定城市道路系统，提出干路的等级、功能、走向，红线和交叉口控制，以及支路的规划要求；

（5）提出城市公共交通（常规公交、快速公交、城市轨道交通、场站等）的发展目标、布局以及重要设施用地控制要求；

（6）提出城市慢行系统（步行、自行车等）规划原则和指引；

（7）提出停车场布局原则，明确停车分区与停车泊位分布指引，以及停车换乘等大型公共停车设施的布局、规模等控制要求。

7.绿地系统（和水系）

（1）提出绿地系统的建设目标及总体布局；

（2）明确公园绿地、防护绿地的布局和规划控制要求；

（3）提出主要地表水体及其周边的建设控制要求，对具有重要景观和遗产价值的水体提出建设控制地带及周边区域内土地使用强度的总体控制要求。

8.历史文化和传统风貌保护

（1）提出历史文化遗产及传统风貌特色保护的原则、目标和内容；

（2）提出城市传统格局和特色风貌的保护要求；

（3）提出历史文化街区的核心保护范围和建设控制地带的规划管控要求；

（4）提出历史建筑及其风貌协调区的保护原则和基本保护要求；

（5）明确保护措施，包括：历史街巷和视线通廊保护控制，历史城区建筑高度和开发强度的控制等。

9.市政基础设施

（1）明确市政基础设施（给水、排水、燃气、供热、环卫设施等）发展目标、总体布局和建设标准；

（2）提出污水处理厂、大型泵站、垃圾处理厂（场）等重要设施用地的规划控制要求。

10.生态环境保护

（1）提出生态环境保护与建设的目标；

（2）确定环境功能分区；

（3）提出主要污染源的污染控制与治理措施。

11. 综合防灾减灾

（1）明确抗震设防标准，提出建筑工程、生命线工程建设要求，规划主要防灾避难场所、应急避难和救援通道；

（2）确定城市防洪排涝的基本目标与设防标准，提出重点地段的防洪排涝措施；

（3）确定消防、人防的建设目标，提出主要消防设施的布局要求；

（4）提出主要地质灾害类型的防治与避让要求。

12. 城市旧区改建

（1）划定旧区范围，提出旧区改建的总体目标和人居环境改善的要求；

（2）明确近期重点改建的棚户区和城中村。

13. 城市地下空间

（1）提出城市地下空间开发利用原则和目标；

（2）明确重点地区地下空间的开发利用和控制要求。

14. 规划实施措施

（1）明确规划期内发展建设时序；

（2）提出各阶段规划实施的政策和措施。

除以上内容之外，各地可根据实际情况和需要，适当增补其他内容。

二、图纸内容

总体规划上报成果图纸包括基本图纸和补充图纸。其中，基本图纸为总体规划的必备图纸，共28张，包括：

1. 城市区位图

标明城市在区域中的位置及与周边城市的空间关系。

2. 市域城镇体系现状图

标明行政区划、城镇分布和规模、交通网络、重要基础设施等现状要素。

3. 市域城镇体系规划图

标明行政区划、规划城镇等级和规模、主要联系方向等。

4. 市域综合交通规划图

标明主要公路（含中心城区外的主要城市道路）、高速公路及主要出入口、客货运铁路和轨道交通路线及场站、机场、港口、综合交通枢纽等的位置。

规划期内有市域轨道交通建设需求的城市，还应当绘制"市域轨道交通线网规划图"。

5. 市域重大基础设施规划图

标明能源、供水、排水、垃圾处理、防灾减灾等重大基础设施布局，包括：城镇供水水源、输水管线、大型水厂；大型污水处理厂、垃圾处理厂（场）；大型电厂、输电网、天然气门站、长输管线；重大化学危险品生产、储存设施；防洪堤、分滞洪区等防洪骨干工程。

6. 市域空间管制规划图

标明水源地、风景名胜区、自然保护区、生态林地等空间管制要素的位置

与保护控制范围。

7.市域历史文化遗产保护规划图

标明市域范围内的历史文化名城、名镇、名村和重要历史文化遗迹的位置，明确保护级别。

8.城市规划区范围图

标明市域范围、城市规划区范围和中心城区范围。

9.中心城区用地现状图

标明中心城区范围；现状各类城市建设用地的性质和范围；主要地名、山体、水系；风景名胜区、自然保护区、水源保护区、矿产资源分布区、森林公园、公益林地保护区、历史文化街区等保护区域的范围。

10.中心城区用地规划图

标明中心城区范围；规划各类城市建设用地的性质和范围；主要地名、山体、水系；风景名胜区、自然保护区、水源保护区、矿产资源分布区、森林公园、公益林地保护区、历史文化街区等保护区域的范围。

11.中心城区绿线控制图

标明公园绿地、防护绿地的位置和范围。

12.中心城区蓝线控制图

标明江、河、湖、库、渠和湿地等主要地表水体的保护范围（用实线表示）和建设控制地带界线（用虚线表示）。

13.中心城区紫线控制图

标明历史文化街区的核心保护范围和历史建筑本身（用实线表示），历史文化街区的建设控制地带和历史建筑的风貌协调区（用虚线表示）。

14.中心城区黄线控制图

标明对城市布局和周边环境有较大影响的城市基础设施用地控制界线，主要包括：重要交通设施；自来水厂、污水处理厂、大型泵站等重要给排水设施；垃圾处理厂（场）等重要环卫设施；城市发电厂、高压线走廊、220kV（含）以上变电站、城市气源、燃气储备站、城市热源等重要能源设施等。

15.中心城区公共管理和公共服务设施规划图

标明市（区）级的行政、教育、科研、卫生、文化、体育、社会福利等公共管理和公共服务设施的用地布局。

16.中心城区综合交通规划图

标明对外公路、铁路线路走向与场站；港口、机场位置；城市干路；公交走廊、公交场站、轨道交通场站、客货运枢纽等的布局。

17.中心城区道路系统规划图

标明城市道路等级、主要城市道路断面示意、主要交叉口类型及与对外交通设施的衔接。

18.中心城区公共交通系统规划图

标明快速公共交通系统、主要公共交通设施的布局等。

规划期内有发展轨道交通需求的城市，还应当绘制"中心城区轨道交通线网规划图"。图中应当标明中心城区轨道交通线路的基本走向，车辆基地、主要换乘车站以及中心城区周边供停车换乘的大型公共停车设施位置等。

19. 中心城区居住用地规划图

标明居住用地的布局和规模。

20. 中心城区给水工程规划图

标明城市供水水源保护区范围；取水口位置、水厂位置、输配水干管布置等，标注主干管管径。

21. 中心城区排水工程规划图

标明排水分区、雨水管渠和大型泵站位置等；污水处理厂布局、污水干管布置等，标注处理规模。

22. 中心城区供电工程规划图

标明电厂、高压变电站位置；输配电线路路径、敷设方式、电压等级；高压走廊走向等。

23. 中心城区通信工程规划图

标明邮政枢纽、电信枢纽局站、卫星通讯接收站、微波站与微波通道、无线电收发信区等通讯设施的位置，通信干管布置。

24. 中心城区燃气工程规划图

标明城市燃气气源；燃气分输站、门站、储配站的位置；输配气干管布置等。

25. 中心城区供热工程规划图

冬季采暖城市绘制此图。标明供热分区；集中供热的热源位置、供热干管布置等。

26. 中心城区综合防灾减灾规划图

标明消防设施、防洪（潮）设施；重大危险源、地质隐患点的分布；防灾避难场所、应急避难和救援通道的位置等。

27. 中心城区历史文化名城保护规划图

历史文化名城绘制此图。划定历史文化街区核心保护范围；历史文化街区的建设控制地带与历史建筑的风貌协调区，标明重要地段建筑高度、视线通廊的控制范围。

28. 中心城区绿地系统规划图

标明绿地性质、布局；市（区）级公园、河湖水系和风景名胜区范围。

相关城市人民政府在组织编制总体规划时，可根据需要补充地下空间利用规划图等其他图纸。

三、强制性内容

上报成果强制性内容包括：

1. 规划区范围。

2. 中心城区建设用地规模。

3. 市域内应当控制开发的地域，包括：风景名胜区，自然保护区，湿地、水源地保护区和水系等生态敏感区，基本农田，地下矿产资源分布地区等。

4. 城市"四线"及其相关规划控制要求，包括:绿线、蓝线、紫线、黄线。

5. 关系民生的教育、卫生、文化、体育和社会福利等公共服务设施布局。

6. 重要场站和综合交通枢纽、城市干路系统（特大城市为城市主要干路

及以上等级道路）、轨道交通线路走向、主要控制节点和车辆基地。

7. 生态环境保护，包括：环境保护目标和主要污染物控制指标。

8. 综合防灾减灾，包括：城市抗震设防标准，城市防洪标准，蓄滞洪区、应急避难场所等综合防灾减灾设施布局。

文本中的强制性内容可采用"下划线"方式表达。强制性内容应当可实施、可督查。需要通过专项规划、控制性详细规划确定边界的强制性内容，可采取定目标、定原则、定标准、定总量等形式在文本中予以注明。

四、格式要求

上报成果应朴素简洁大方，软皮简装。文本建议采用双面黑白打印，以A4 幅面装订成册；图纸建议以 A3 幅面单面彩色打印，折叠后以 A4 幅面装订成册。

上报成果时需要同步提交电子版本，文本类为 word 格式文件，中心城区用地现状图和规划图应为 dwg 格式，其余图纸可为 dwg 或 jpg 格式，jpg 格式图纸分辨率应不低于 300ppi。同一类城市建设用地信息应当统一至一个图层中。

城市建设用地应当按照《城市用地分类与规划建设用地标准》GB 50137—2011 中的类别名称规范标注，建设用地平衡表中的用地分类应与《城市用地分类与规划建设用地标准》GB 50137—2011 一致。2012 年 1 月 1 日前开始编制城市总体规划的可采用《城市用地分类与规划建设用地标准》GB J137—90 或 GB 50137—2011。图纸应符合《城市规划制图标准》CJJ/T 97—2003 的要求。

上报成果应附基期年市域遥感影像图（分辨率不小于 10 米）和中心城区遥感影像图（分辨率不小于 2.5 米）电子版。

《省域城镇体系规划编制审批办法》
中华人民共和国住房和城乡建设部令
2010 年 7 月 1 日施行

第一章 总则

第一条 为了规范省域城镇体系规划编制和审批工作，提高规划的科学性，根据《中华人民共和国城乡规划法》，制定本办法。

第二条 省域城镇体系规划的编制和审批，适用本办法。

第三条 省域城镇体系规划是省、自治区人民政府实施城乡规划管理，合理配置省域空间资源，优化城乡空间布局，统筹基础设施和公共设施建设的基本依据，是落实全国城镇体系规划，引导本省、自治区城镇化和城镇发展，指导下层次规划编制的公共政策。

第四条 编制省域城镇体系规划，应当以科学发展观为指导，坚持城乡统筹规划，促进区域协调发展；坚持因地制宜，分类指导；坚持走有中国特色的城镇化道路，节约集约利用资源、能源，保护自然人文资源和生态环境。

第五条 编制省域城镇体系规划，应当遵守国家有关法律、行政法规，并与有关规划相协调。

第六条 省域城镇体系规划的编制和管理经费应当纳入省级财政预算。

第七条 经依法批准的省域城镇体系规划应当及时向社会公布，但法律、行政法规规定不得公开的内容除外。

第二章 省域城镇体系规划的制定和修改

第八条 省、自治区人民政府负责组织编制省域城镇体系规划。省、自治区人民政府城乡规划主管部门负责省域城镇体系规划组织编制的具体工作。

第九条 省、自治区人民政府城乡规划主管部门应当委托具有城乡规划甲级资质证书的单位承担省域城镇体系规划的具体编制工作。

第十条 省域城镇体系规划编制工作一般分为编制省域城镇体系规划纲要（以下简称规划纲要）和编制省域城镇体系规划成果（以下简称规划成果）两个阶段。

第十一条 编制规划纲要的目的是综合评价省、自治区城镇化发展条件及对城乡空间布局的基本要求，分析研究省域相关规划和重大项目布局对城乡空间的影响，明确规划编制的原则和重点，研究提出城镇化目标和拟采取的对策和措施，为编制规划成果提供基础。

编制规划纲要时，应当对影响本省、自治区城镇化和城镇发展的重大问题进行专题研究。

第十二条 省、自治区人民政府城乡规划主管部门应当对规划纲要和规划成果进行充分论证，并征求同级人民政府有关部门和下一级人民政府的意见。

第十三条 国务院城乡规划主管部门应当加强对省域城镇体系规划编制工作的指导。

在规划纲要编制和规划成果编制阶段，国务院城乡规划主管部门应当分别组织对规划纲要和规划成果进行审查，并出具审查意见。

第十四条 省、自治区人民政府城乡规划主管部门向国务院城乡规划主管部门提交审查规划纲要和规划成果时，应当附专题研究报告、规划协调论证的说明和对各方面意见的采纳情况。

第十五条 省域城镇体系规划由省、自治区人民政府报国务院审批。

《县域村镇体系规划编制暂行办法》

第一章 总则

第一条 为了统筹县域城乡健康发展，加强县域村镇的协调布局，规范县域村镇体系规划的编制工作，提高规划的科学性和严肃性，根据国家有关法律法规的规定，制定本办法。

第二条　按国家行政建制设立的县、自治县、旗，组织编制县域村镇体系规划，适用本办法。

县域村镇体系规划应当与县级人民政府所在地总体规划一同编制，也可以单独编制。

第三条　县域村镇体系规划是政府调控县域村镇空间资源、指导村镇发展和建设，促进城乡经济、社会和环境协调发展的重要手段。

第四条　编制县域村镇体系规划，应当以科学发展观为指导，以建设和谐社会和服务农业、农村和农民为基本目标，坚持因地制宜、循序渐进、统筹兼顾、协调发展的基本原则，合理确定村镇体系发展目标与战略，节约和集约利用资源，保护生态环境，促进城乡可持续发展。

第五条　编制县域村镇体系规划，应当坚持政府组织、部门合作、公众参与、科学决策的原则。

第六条　编制县域村镇体系规划应当遵循有关的法律、法规和技术规定，以经批准的省域城镇体系规划，直辖市、市城市总体规划为依据，并与相关规划相协调。

第七条　县域村镇体系规划的期限一般为20年。

第八条　承担县域村镇体系规划编制的单位，应当具有乙级以上的规划编制资质。

第二章　县域村镇体系规划编制的组织

第九条　县级人民政府负责组织编制县域村镇体系规划。具体工作由县级人民政府建设（城乡规划）主管部门会同有关部门承担。

第十条　县域村镇体系规划应当按照以下程序组织编制和审查：

（一）组织编制县域村镇体系规划应当向省、自治区和直辖市建设（城乡规划）主管部门提出进行编制工作的报告，经同意后方可组织编制。

（二）编制县域村镇体系规划应先编制规划纲要，规划纲要应当提请省、自治区和直辖市建设（城乡规划）主管部门组织审查。

（三）依据对规划纲要的审查意见，组织编制县域村镇体系规划成果，并按程序报批。

第十一条　编制县域村镇体系规划应当具备县域经济、社会、资源环境等方面的历史、现状和发展基础资料以及必要的勘察测量资料。资料由承担规划编制任务的单位负责收集，县级人民政府组织有关部门提供。

第十二条　在县域村镇体系规划编制中，应当在县级人民政府组织下，充分吸取县级人民政府有关部门、各乡镇人民政府和专家的意见，并采取有效措施，充分征求包括村民代表在内的社会公众的意见。对于有关意见的采纳结果，应当作为县域村镇体系规划报送审批材料的附件。

第十三条　县域村镇体系规划经批准后，应当由县级人民政府予以公布；但法律、法规规定不得公开的除外。

第十四条　县域村镇体系规划调整，应当向原规划审批机关提出调整报告，经认定后依照法律规定组织调整。

第三章 县域村镇体系规划编制要求

第十五条 县域村镇体系规划的主要任务是：落实省（自治区、直辖市）域城镇体系规划提出的要求；引导和调控县域村镇的合理发展与空间布局；指导村镇总体规划和村镇建设规划的编制。

第十六条 县域村镇体系规划应突出以下重点：

（一）确定县域城乡统筹发展战略；

（二）研究县域产业发展与布局，明确产业结构、发展方向和重点；

（三）确定城乡居民点集中建设、协调发展的总体方案，明确村镇体系结构，提出村庄布局的基本原则；

（四）确定生态环境、土地和水资源、能源、自然和历史文化遗产等方面的保护与利用的综合目标和要求，提出县域空间管制原则和措施；

（五）统筹布置县域基础设施和社会公共服务设施，确定农村基础设施和社会公共服务设施配置标准，实现基础设施向农村延伸和社会服务事业向农村覆盖，防止重复建设；

（六）按照政府引导、群众自愿、有利生产、方便生活的原则，制定村庄整治与建设的分类管理策略，防止大拆大建。

第十七条 编制县域村镇体系规划，应根据不同地区县域经济社会发展条件、村镇建设现状及农村生产方式的差别，强调不同的原则和内容。

经济社会发达地区的县域村镇体系规划，应当强化城乡功能与空间资源的整合，突出各类空间要素配置的集中、集聚与集约，注重环境保护，体现地域特色，全面提高城乡空间资源利用的效率与质量。

经济社会欠发达地区的县域村镇体系规划，应当强化城乡功能与空间的协调发展，突出重点，发挥各级城镇的中心作用，注重基础设施和社会公共服务设施的合理配置，优化城乡产业结构和空间布局，科学推进县域经济社会的有序发展。

第十八条 编制县域村镇体系规划，应当对县域按照禁止建设、限制建设、适宜建设进行分区空间控制。对涉及经济社会长远发展的资源利用和环境保护、基础设施与社会公共服务设施、风景名胜资源管理、自然与文化遗产保护和公众利益等方面的内容，应当确定为严格执行的强制性内容。

第十九条 编制县域村镇体系规划，应当延续历史，传承文化，突出民族与地方特色，确定文化与自然遗产保护的目标、内容和重点，制订保护措施。

第二十条 县域村镇体系规划成果的表达应当清晰、准确、规范，成果文件、图件与附件中说明、专题研究、分析图纸等表达应有区分。规划成果应当以书面和电子文件两种方式表达。

第四章 县域村镇体系规划编制内容

第二十一条 县域村镇体系规划纲要应当包括下列内容：

（一）综合评价县域的发展条件；

（二）提出县域城乡统筹发展战略和产业发展空间布局方案；

（三）预测县域人口规模，提出城镇化战略及目标；

（四）提出县域空间分区管制原则；

（五）提出县域村镇体系规划方案；

（六）提出县域基础设施和社会公共服务设施配置原则与策略。

第二十二条　县域村镇体系规划应当包括下列内容：

（一）综合评价县域的发展条件。

要进行区位、经济基础及发展前景、社会与科技发展分析与评价；认真分析自然条件与自然资源、生态环境、村镇建设现状，提出县域发展的优势条件与制约因素。

（二）制定县域城乡统筹发展战略，确定县域产业发展空间布局。

要根据经济社会发展战略规划，提出县域城乡统筹发展战略，明确产业结构、发展方向和重点，提出空间布局方案，并划分经济区。

（三）预测县域人口规模，确定城镇化战略。

要预测规划期末和分时段县域总人口数量构成情况及分布状况，确定城镇化发展战略，提出人口空间转移的方向和目标。

（四）划定县域空间管制分区，确定空间管制策略。

要根据资源环境承载能力、自然和历史文化保护、防灾减灾等要求，统筹考虑未来人口分布、经济布局，合理和节约利用土地，明确发展方向和重点，规范空间开发秩序，形成合理的空间结构。划定禁止建设区、限制建设区和适宜建设区，提出各分区空间资源有效利用的限制和引导措施。

（五）确定县域村镇体系布局，明确重点发展的中心镇。

明确村镇层次等级（包括县城—中心镇—一般镇—中心村），选定重点发展的中心镇，确定各乡镇人口规模、职能分工、建设标准。提出城乡居民点集中建设、协调发展的总体方案。

（六）制定重点城镇与重点区域的发展策略。

提出县级人民政府所在地镇区及中心镇区的发展定位和规模，以及城镇密集地区协调发展的规划原则。

（七）确定村庄布局基本原则和分类管理策略。

明确重点建设的中心村，制定中心村建设标准，提出村庄整治与建设的分类管理策略。

（八）统筹配置区域基础设施和社会公共服务设施，制定专项规划。

提出分级配置各类设施的原则，确定各级居民点配置设施的类型和标准；因地制宜地提出各类设施的共建、共享方案，避免重复建设。

专项规划应当包括：交通、给水、排水、电力、电信、教科文卫、历史文化资源保护、环境保护、防灾减灾等规划。

（九）制定近期发展规划，确定分阶段实施规划的目标及重点。

依据经济社会发展规划，按照布局集中，用地集约，产业集聚的原则，合理确定5年内发展目标、重点发展的区域和空间布局，确定城乡居民点的人口规模及总体建设用地规模，提出近期内重要基础设施、社会公共服务设施、资源利用与保护、生态环境保护、防灾减灾及其他设施的建设时序和选址等。

（十）提出实施规划的措施和有关建议。

第二十三条　县域村镇体系规划应与土地利用规划相衔接，进一步明确建设用地总量与主要建设用地类别的规模，并编制县域现状和规划用地汇总表。

第二十四条　县域村镇体系规划的强制性内容包括：

（一）县域内按空间管制分区确定的应当控制开发的地域及其限制措施；

（二）各镇区建设用地规模，中心村建设用地标准；

（三）县域基础设施和社会公共服务设施的布局，以及农村基础设施与社会公共服务设施的配置标准；

（四）村镇历史文化保护的重点内容；

（五）生态环境保护与建设目标，污染控制与治理措施；

（六）县域防灾减灾工程，包括：村镇消防、防洪和抗震标准，地质等自然灾害防护规定。

第二十五条　县域村镇体系规划纲要成果包括纲要文本、说明、相应的图纸和研究报告。

县域村镇体系规划成果应当包括规划文本、图纸及附件（说明、研究报告和基础资料等）。在规划文本中应当明确表述规划的强制性内容。

第二十六条　县域村镇体系规划图件至少应当包括（除重点地区规划图外，图纸比例一般为1：5万至1：10万）：

（一）县域综合现状分析图；

（二）县域人口与村镇布局规划图；

（三）县域用地布局结构规划图；

（四）县域空间分区管制规划图；

（五）县域产业发展空间布局规划图；

（六）县域综合交通规划图；

（七）县域基础设施和社会公共服务设施及专项规划图；

（八）县域环境保护与防灾规划图；

（九）近期发展规划图；

（十）重点城镇与重点地区规划图。

第五章　附则

第二十七条　县级市、城市远郊的区的村镇体系规划编制，参照本办法执行。

第二十八条　本办法由中华人民共和国建设部负责解释。

第二十九条　本办法自发布之日起试行。2000年4月6日建设部下发的《县域城镇体系规划编制要点》（试行）同时废止。

附录2 "城市总体规划"课程教学大纲

一、课程性质与目的

本课程为专业课,是城市规划专业的主要课程设计,也是理论联系实践的重要环节。

本课程的目的是通过对此课程的实践和教学,培养学生认识、分析、研究城乡问题的能力,掌握协调和综合处理城乡问题的规划方法,并且学会以物质形态规划为核心的城市总体规划编制过程的具体操作能力,基本具备城市总体规划工作阶段所需要的调查分析能力、综合规划能力、综合表达能力。

二、课程基本要求

本课程结合实践性规划项目组织施教。课程教学的内容和要求可根据实际或虚拟的工程项目来拟定。所选项目要体现城市总体规划任务的性质,规模和深度要适当,要使学生可在规定的教学课时内完成作业,实现教学要求。

作为教学案例的规划项目应当根据可能条件在以下的范围内选择:

1. 中、小城市或规模较大的建制镇的总体规划编制或调整;

2. 大、中城市的分区规划编制或调整;

3．市（县）域城镇体系规划、县域村镇体系规划，其中应当包括建制镇、县城等城镇或城市规划的编制或调整；

4．其他涉及城市或分区发展目标、规模、总体布局研究的专项性规划编制或调整的项目。

课程设计的题目原则上只能是一个，并应在教学开始前确定，经教学组讨论通过后报教学系主任同意。

在城市总体规划课程中，为适应城乡规划学科发展要求，应专门安排乡村规划的教学。乡村规划的对象，可以选择总体规划案例所在地，也可以另行在更具教学针对性且便于搜集资料地点。

三、课程基本内容

本课程的课堂教学是在现场实习教学环节的基础上开展的（具体要求参见《城市总体规划实习》课程大纲）。在教学过程中以个别指导和理论性授课的方式相结合，学生在完成教学课程的过程中以集体合作和个人分工负责的方式相结合。

为了实现本课程的教学目标，承担本课程的教师在指导学生完成实践性课题项目的过程中，要在城市总体规划实习教学的基础上，按以下两个环节组织教学内容：

（一）课堂指导

1．课堂指导中的主要教学内容

（1）对总体规划方案中涉及的社会、经济和环境条件的要素，如城镇性质和发展目标、人口和用地规模、区域发展等加以论证和提出规划设想；

（2）制定总体布局方案，并进行多方案比较；

（3）制定总体规划各主要专项规划的方案；

（4）提出重点地段的方案示意，或进行若干专题分析，并反馈到总体规划方案；

（5）图纸、文字成果的整理和汇报；

（6）乡村规划方案及简要说明书。

2．教学要求与完成成果要求

在教学过程中，应使学生在掌握个人所负责的专项内容的同时，对集体合作的内容以及其他学生负责的内容有全面的了解。

城市总体规划成果内容的深度参照国家住房和城乡建设部《城市规划编制办法》、《县域村镇体系规划编制暂行办法》、《镇（乡）域规划导则》（试行）和项目所在省（自治区、直辖市）及所在城市的具体规定和要求。

乡村规划的完成内容深度应参照《村镇规划编制办法》等有关要求。

（二）理论教学

在城市总体规划课程教学过程中要辅以较有针对性的理论课教学。理论课分为基本专题和选讲专题，后者可根据实际需要加以选择增减。

1．基本专题如下：

（1）城市总体规划编制的任务、主要内容和法定程序；

（2）区域城镇体系规划与城乡统筹的内容以及方法；

（3）村镇规划的调查方法与规划编制方法；

（4）城市总体规划的调查方法和调查内容；

（5）城市用地适宜性评价方法；

（6）城镇人口规模预测的方法及其应用。

2．选讲专题如下：

（1）国内外城市规划体系的介绍和评价；

（2）城市总体规划方案的制定和多方案比较；

（3）城镇历史文化和风貌规划；

（4）城市绿地和生态环境系统规划；

（5）中、小城市道路交通规划；

（6）中、小城市市政公用设施规划；

（7）城市规划区及空间管制规划；

（8）近期建设规划。

四、实验或上机内容

本课程要求课内上机时间为 17 学时，上机内容结合城市总体规划课程设计进行。

五、能力培养与人格养成教育

本课程对学生的能力培养要求为满足城市总体规划编制的调查分析能力、综合规划能力、综合表达能力。

本课程的特点为理论联系实践，通过结合实践性规划项目的施教，对学生开展国情了解和中国特色城市发展与规划的人格培养。

六、前修课程要求

本课程的前修课程为："城市规划原理"、"城市道路与交通"、"区域发展与规划"、"城市工程系统与综合防灾"和"城市详细规划"等专业理论和专业技能课程，本课程的前修实习环节为："城市总体规划实习"。

七、评价与考核

本课程为考查课。课程设计过程中共安排三次检查和考核：

（一）本课程第一阶段结束后，应对每个学生完成的城市总体规划方案进行公开讲评，由学生介绍各自方案，每组负责教师进行讲评。学生完成的城市总体规划方案应包括：城区土地使用规划总图、规划结构示意图和用地平衡表及简要说明，方案深度应达到正草图要求，不同的土地使用应用不同颜色表示。讲评结束后，每组负责教师应将学生方案进行归纳汇总，并安排学生进行深化。

（二）小组汇总方案形成后，应安排中期考核，由教学组统一安排。考核内容包括：学生对于现状情况的调查及分析情况，各自的专题或专项研究情况，小组汇总方案的主要内容。学生应全面了解城市总体规划编制各方面知识点，考核不限于学生的具体任务分工。

（三）整个课程设计完成后，由教学组统一组织对各个小组的学生进行考核。考核内容包括：学生在此阶段所完成的任务及其质量、学生对城市总体规划各个阶段的了解和对城市总体规划其他内容的认识。第二阶段结束后，各教学小组应集中安排乡村规划内容，学生完成的乡村规划应根据实际情况确定规划成果并纳入到最终考核内容。

考核结束后，各组指导教师应将每个学生的综合评分成绩交教学组组长。经整理后，教学组组长应在学期结束后一周内将所有学生成绩交系办公室。

分配学时分配

序号	内容	学时安排				小计
		理论课时	实验课时	习题课时	上机课时	
1	城市总体规划基础资料整理与专题研究（1）	7			1	8
2	城市总体规划基础资料整理与专题研究（2）	7			1	8
3	城市总体规划方案（1）	7			1	8
4	城市总体规划方案（2）	7			1	8
5	城市总体规划方案（3）（评图及阶段考核）	7			1	8
6	城市总体规划方案汇总（3）	7			1	8
7	城市总体规划方案汇总（4）	7			1	8
8	城市总体规划方案调整、完善，（中期考核）	7			1	8
9	乡村规划方案（1）	7			1	8
10	乡村规划方案（2）（评图及阶段考核）	7			1	8
11	城市总体规划方案深化（1）	7			1	8
12	城市总体规划方案深化（2）	7			1	8
13	城市总体规划方案深化（3）	7			1	8
14	城市总体规划方案深化（4）	7			1	8
15	城市总体规划方案成果制作（5）	7			1	8
16	城市总体规划方案成果制作（6）	7			1	8
17	课程检查与考核	7			1	8
	总计	119			17	136

八、教材与主要参考书

1.《城市规划原理》吴志强等主编，中国建筑工业出版社，2010年；

2.《中华人民共和国城乡规划法》；

3.住房与城乡建设部《城市规划编制办法》、《县域村镇体系规划编制暂行办法》、《村镇规划编制办法（试行）》、《镇（乡）域规划导则》、《镇规划标准》、《村庄整治技术规范》等有关标准及技术文件；

4.其他相关国家标准。

附录3　城市总体规划教学作业

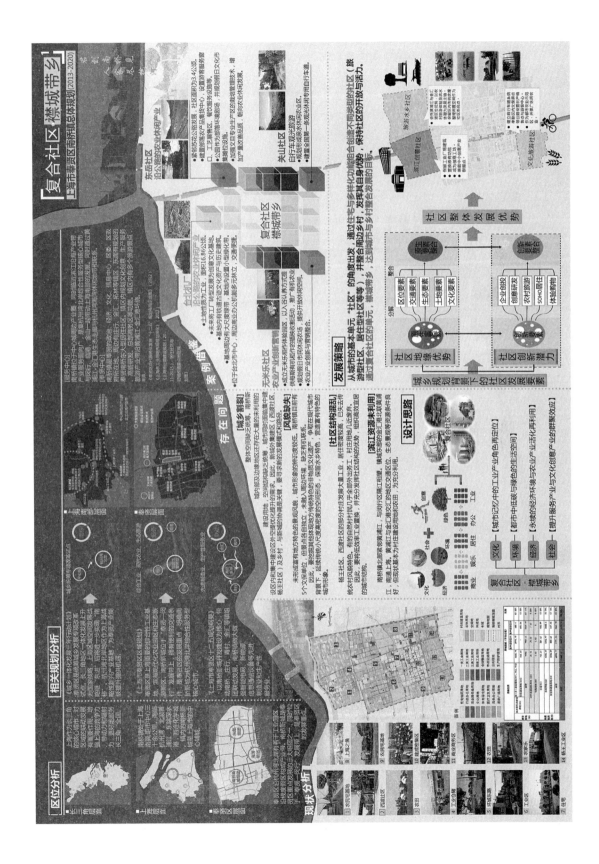

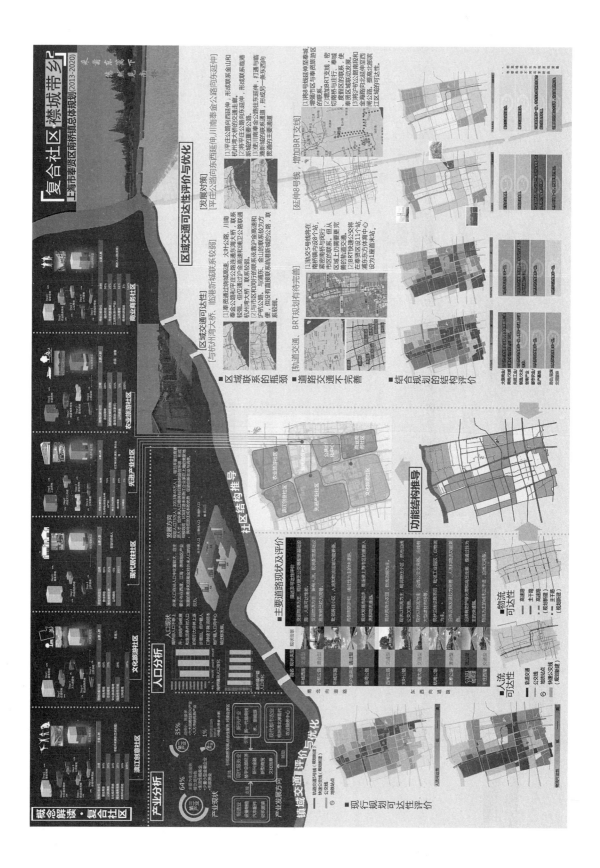

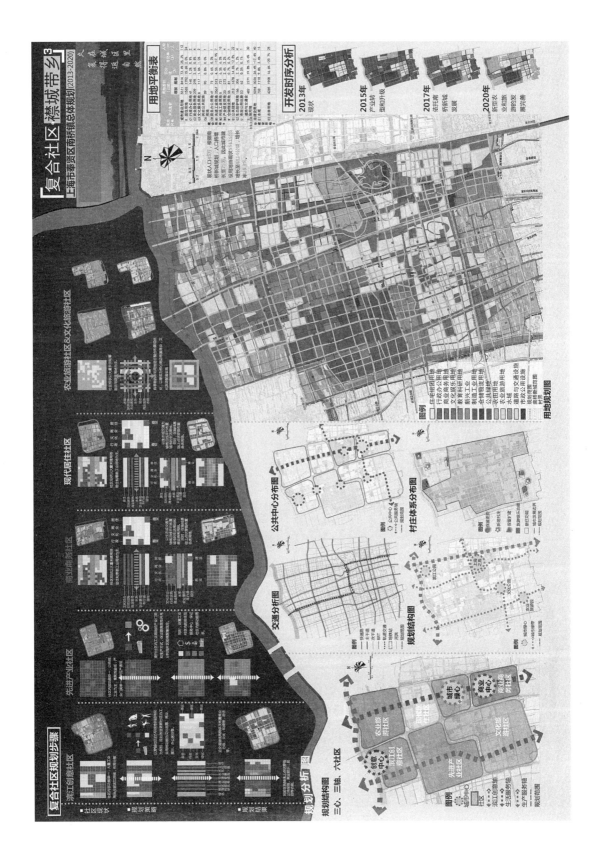

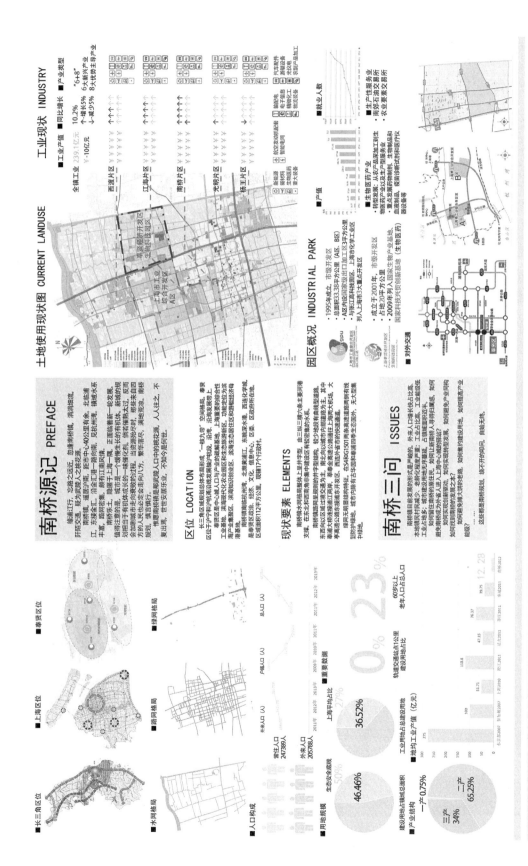

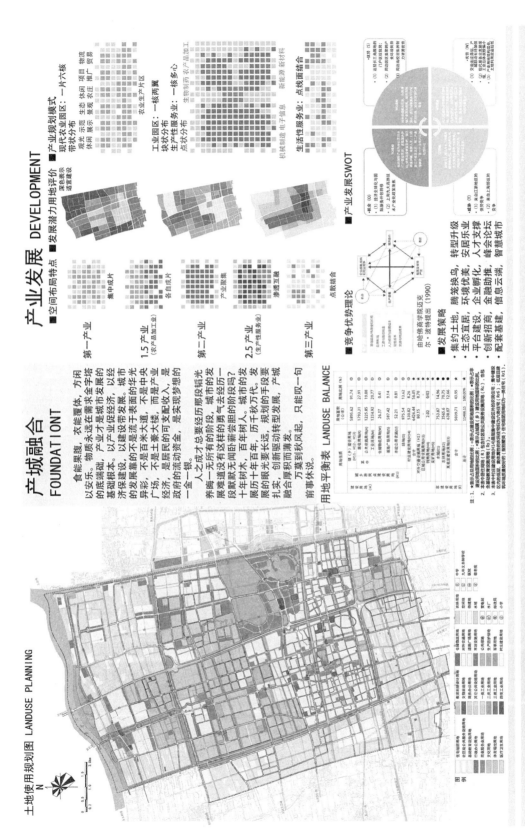

上海市奉贤区南桥镇总体规划（2013-2020）

产业发展 DEVELOPMENT

■ 空间布局特点　■ 发展潜力用地评价

第一产业

1.5产业（农产品加工）

第二产业

2.5产业（生产性服务业）

第三产业

集中成片

各自成片

产业聚集

渗透互融

点散结合

■ 竞争优势理论

由哈佛商学院迈克尔·波特提出（1990）

■ 产业发展SWOT

产城融合 FOUNDATION

现代农业园区：一片六核

农业生产片区

工业园区：一核两翼

生产性服务业：一核多心

生活性服务业：点线面结合

腾笼换鸟、转型升级
安居乐业、环境优美
人才支撑、企业孵化
峰会论坛、金融助推
智慧城市、信息云端

集约土地、生态宜居
平台建设、创新招商
配套基建、

用地平衡表 LANDUSE BALANCE

用地代码	用地名称	用地量(hm²)	用地比例(%)
	居住用地(R)	5895.62	91.74
	其中 二类居住用地	1793.31	27.91
	商住混合用地	1225.85	19.08
	公共设施用地	1334.92	20.77
	工业仓储用地	26.37	0.41
	道路广场用地(S)	587.42	9.14
	绿地(G)	52.21	0.81
	村庄建设用地(H14)	875.54	13.62
	水域用地	530.82	8.26
	农林用地	3565.6	70.75
	其他非建设用地	438.07	12.64
	合计	5039.71	43.95

土地使用规划图 LANDUSE PLANNING

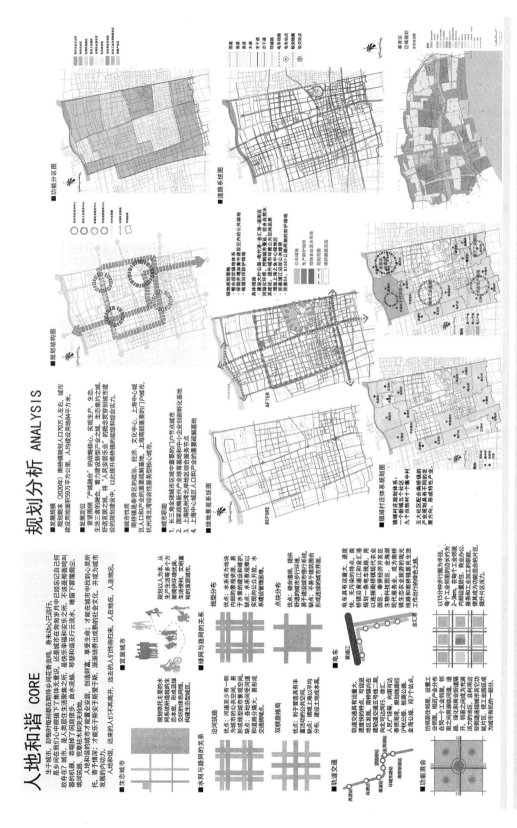

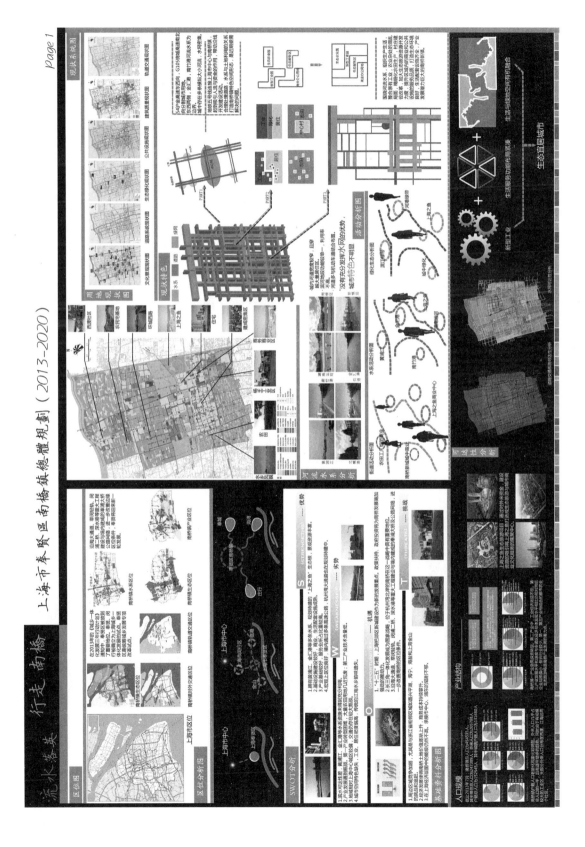

流水落英　行走 南桥

上海市奉贤区南桥镇镇总体规划（2013-2020）

Page 2

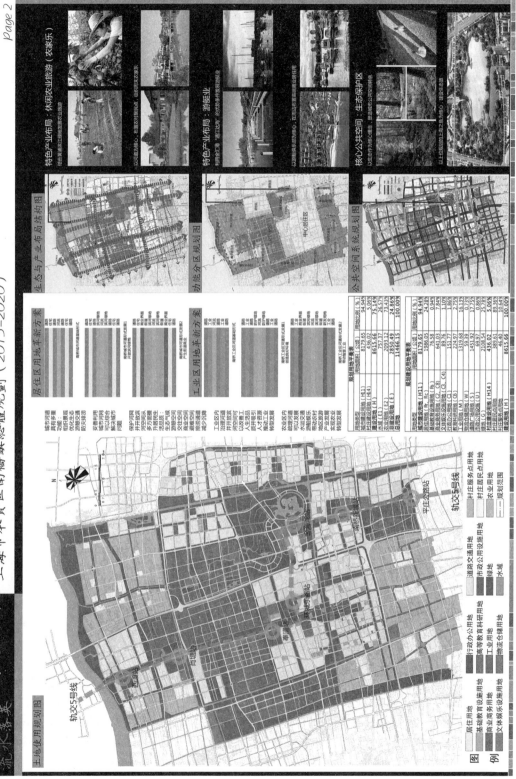

土地使用规划图

特色产业布局：休闲农业旅游（农家乐）

特色产业布局：游艇业

核心公共空间：生态保护区

生态与产业布局结构图

功能分区规划图

公共空间系统规划图

居住区用地革新方案

工业区用地革新方案

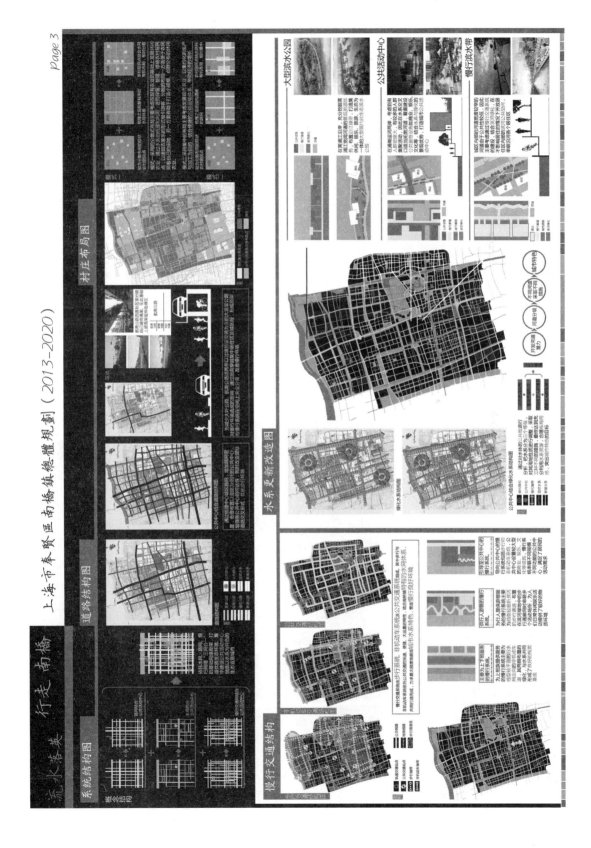

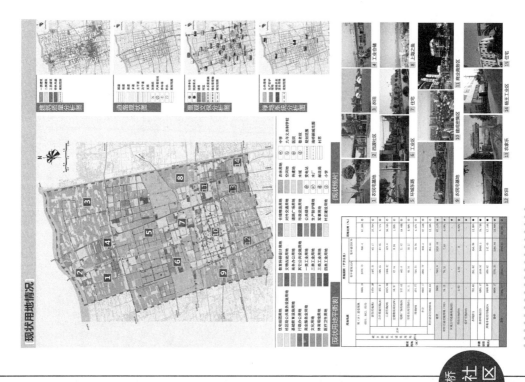

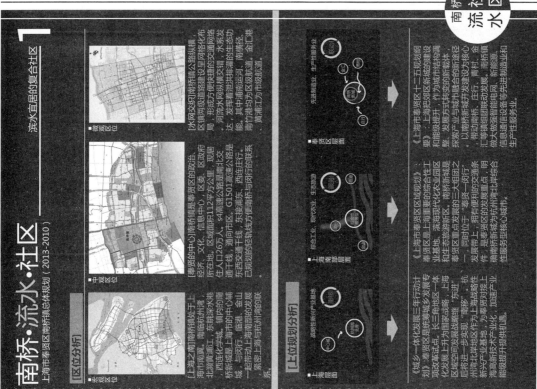

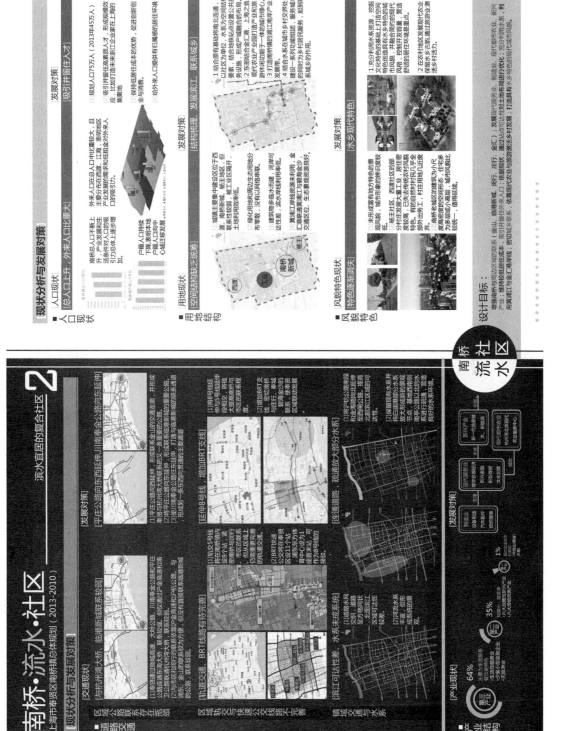

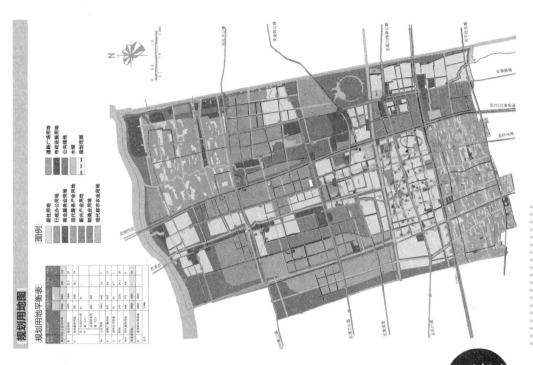

规划用地图

规划用地平衡表

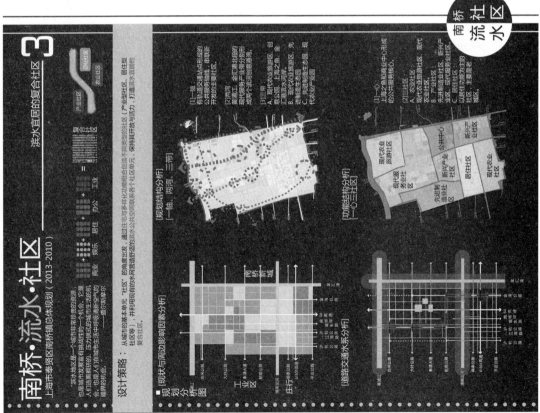

南桥·流水·社区

南桥流水社区

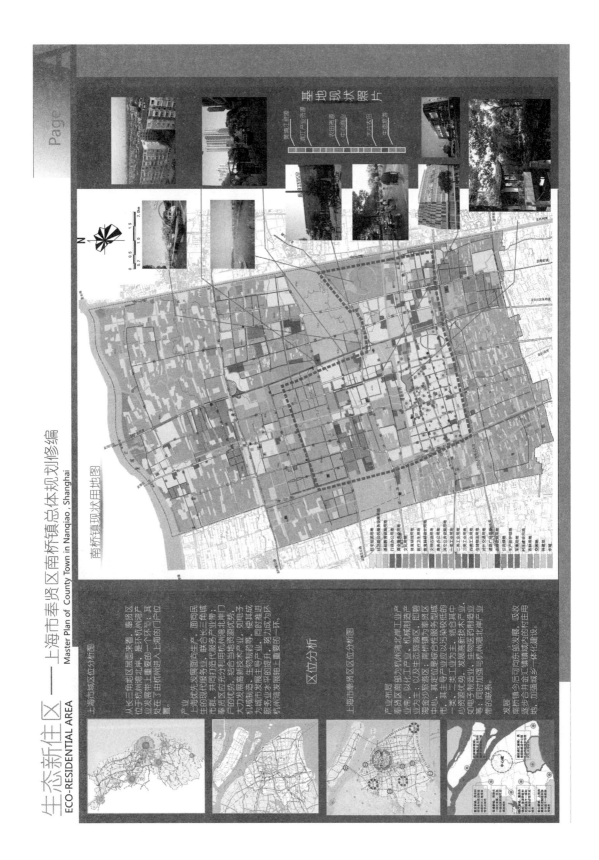

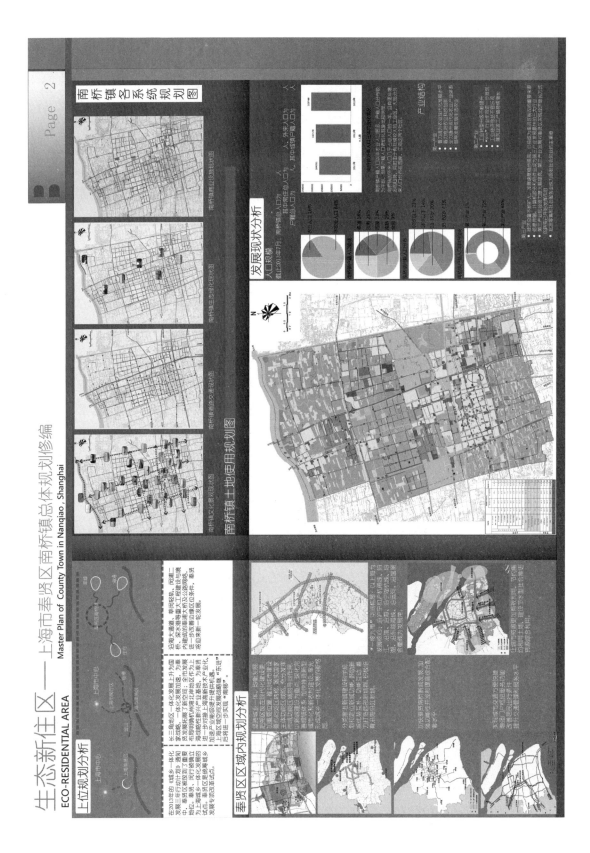

城市总体规划

182

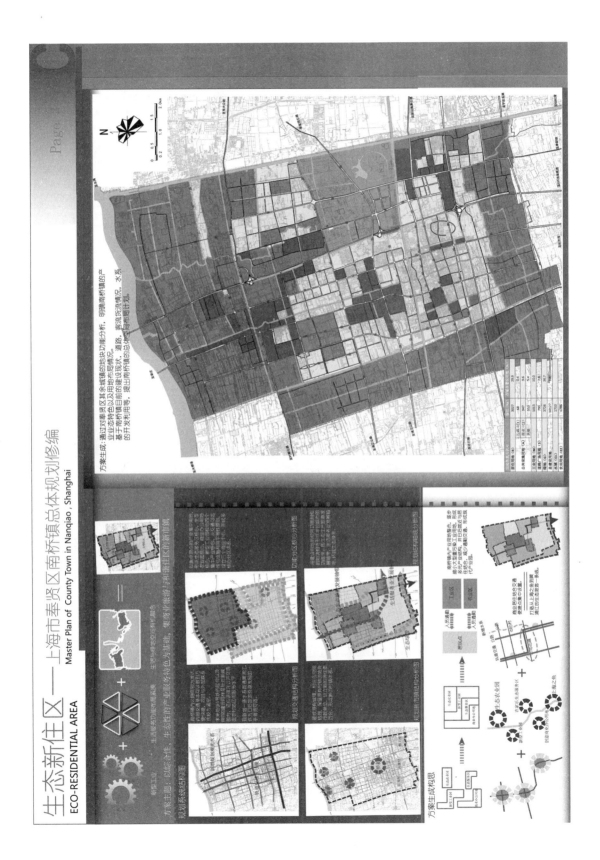

01

南华公司

土地使用现状

功能集聚 城乡统筹 ——上海市奉贤区南桥镇总体规划

区位分析

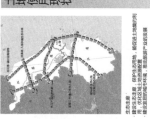

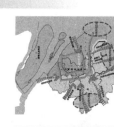

02

功能集聚　城乡统筹 —— 上海市奉贤区南桥镇总体规划

发展现状

人口规模

截止2013年7月：南桥镇总人口为454535人

其中常住总人口为247389人，外来人口为205788人

户籍总人口为152545人，其中城镇人口为131680人

南桥镇户籍总人口为247389人，其中城镇户籍人口为131680人

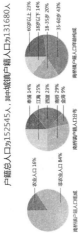

非农业人口 84%
农业人口 16%

南桥镇户籍人口分布

庄行 14%
江海 25%
金汇 9%
南桥 29%
西渡 25%

南桥镇户籍人口分布

西渡 25%
奉浦 4%
金海 15%
江海 31%
南桥 25%

南桥镇外来人口分布

青浦 36%
奉浦 15%
江海 24%
南桥 20%

南桥镇外来人口分布

60岁以上 23%
18岁以下 14%
18-35岁 20%
35-60岁 43%

南桥镇外来人口三年内变化情况

产业结构

第一产业 1%
第二产业 35%
第三产业 64%

六大重点产业占比

就业零售业 1.6%
制造电商 6.7%
生物医药 24.1%
新能源 20.8%
智能装备 22.8%
新材料 24.0%

第一产业从业人员占比

第三产业服务业从业人员

用地平衡

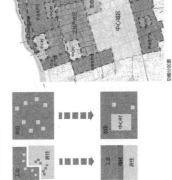

方案生成

功能集聚

城乡统筹

道路交通

185

03

功能集聚 城乡统筹 —— 上海市奉贤区南桥镇总体规划

用地性质与代号		面积（ha）	占城市建设用地（%）
居住用地（R）		2841	36.4
公共设施用地（A）	行政（C1）	63	0.8
	商业（C2）	253	3.2
	其他	694	8.7
工业用地（M）		2117	27.1
道路广场用地（S）		774	9.9
绿地（G）		1087	13.9
总建设用地（E1）		7784	100
水域（E2）		1537	
农田用地		2389	

图例：
- 居住用地
- 商业用地
- 工业用地
- 企业用地
- 现代农业用地
- 生态旅游用地
- 防护绿地
- 水域

构想

- 以生态观光及现代农业（如"农家乐"、"采摘式"）吸引周边地域的人群
- 调整产业结构，建设新型产业集群，以新型工业为主导，提高经济效益
- 大力发展现代服务业，增强服务水平，扩大服务范围
- 加强城乡统筹建设，努力打造成为宜居、生态、功能完备的综合性服务型现代城镇

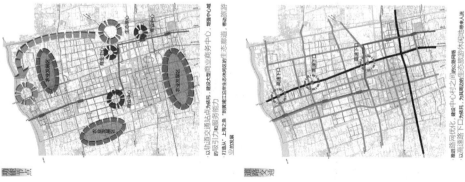

用地规划

功能节点
- 以轨道交通站点为核心，建设大型商业商务中心，增强中心城的吸引力和辐射服务能力
- 打造以"上海之源"韩湘塘湿地保护系统的生态廊道、都市旅游业的发展

道路交通
- 推进路网优化，建设中心村之间的公路网络
- 以高速路下口为依托，为城镇防护生态系统及郊野用地带来人流

大理州云龙县县城总体规划 1

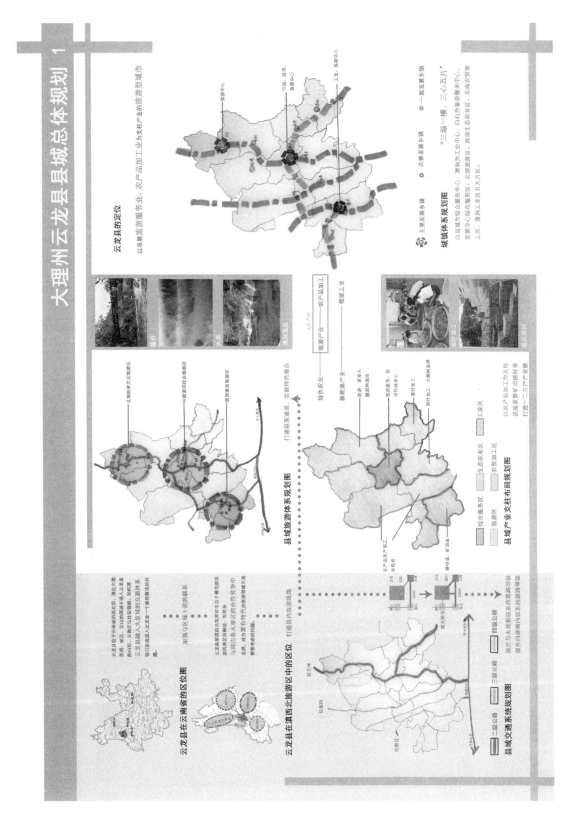

大理州云龙县县城总体规划 2

县城定位

双核——县城的政治、经济、文化、信息中心，以发展旅游业为支柱产业的山水旅游型城市。

双核——县域作为行政、传统商贸、旅游中心服务中心；果郎作为商业、现代商贸中心，并进行商品房开发。

大极景双组团——保护自然风貌，加强旅游配套服务。

两大传统聚村落——杏林以保护传统村落风貌为主，发挥其作为县城西北乡镇的门户作用，发展农产品加工、仓储贸易，成为全县次干团的关键的发展中心；和平发展作为县域对大理方向客流的区位优势，发展旅游业。结合传统村落进行旅游配套建设。

设计概念：有机生长的串珠旅游型城市

有机生长的三个方面：

1. 自然景观与城市景观的有机融合
2. 城市功能与传统村落景观的有机融合
3. 城市功能的有机扩展

公共交通——实现组团之间有效联系的方式

县城公交体系规划图

- 快速公交站点
- 零站
- 公交总站停车场
- 普通公交站点
- 普通公交站点

快速公交+普通公交模式；

通过去大型公共服务设施和集中居民点附近建立快速公交车站，沟通组团之间的联系，使非珠型城市各组团之间能有效共享公共服务设施。

双通道防灾生命线：

利用原有乡村道路及平坦的河谷、山谷地貌，开辟新道路，解决本地质灾害可能简单通道的非珠型城市未来的风险。

县城交通体系规划图

- 主干路
- 次干路
- 支路

单中心

双中心：线性发展

多组团&公共交通：有机生长

杏林组团：村寨风貌保护、农产品加工等

果郎组团：强留发展行政设施、居住、商业

大极组团：农业、旅游、居住

兵建组团：行政、居住

旅游客车：行政、居住

和平组团：农业旅游、居住

大理州云龙县县城总体规划 3

景观开放空间与步行系统规划图

图例

用地平衡表

用地性质图

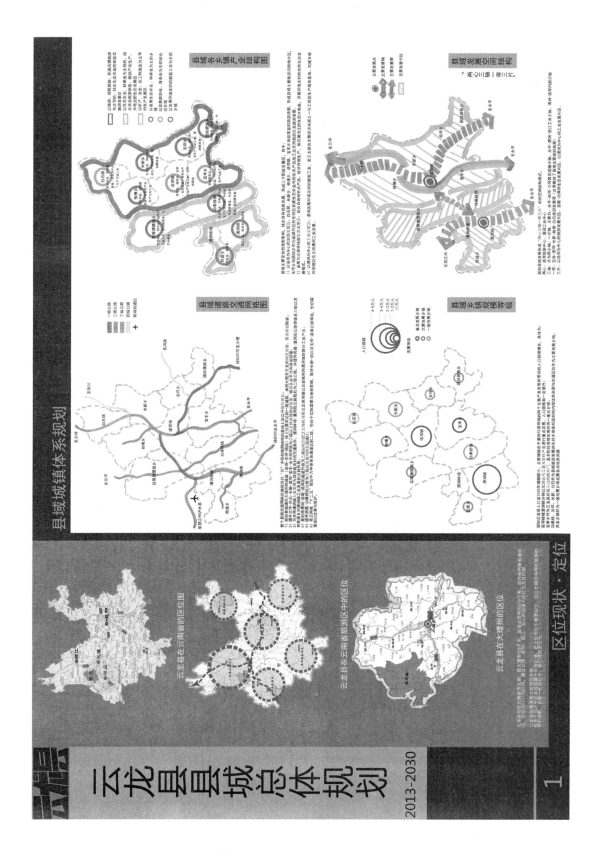

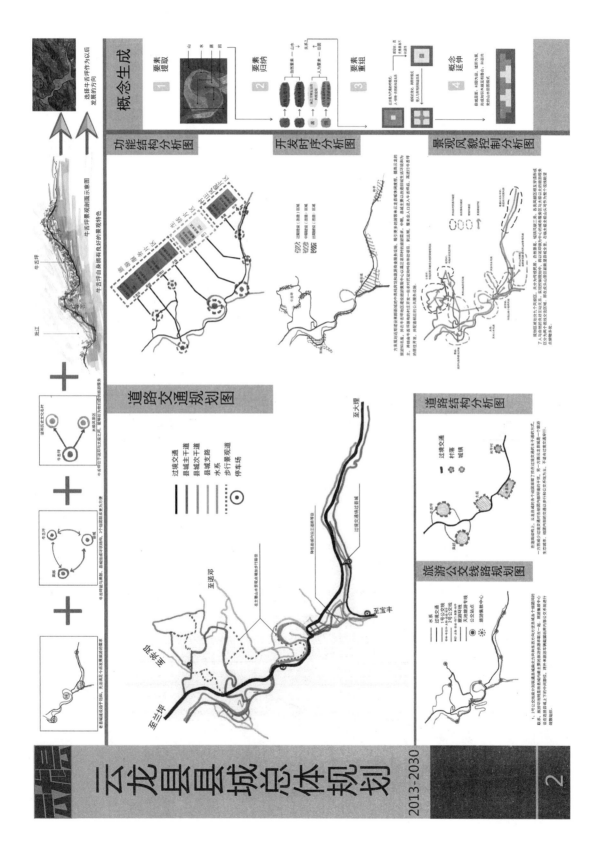

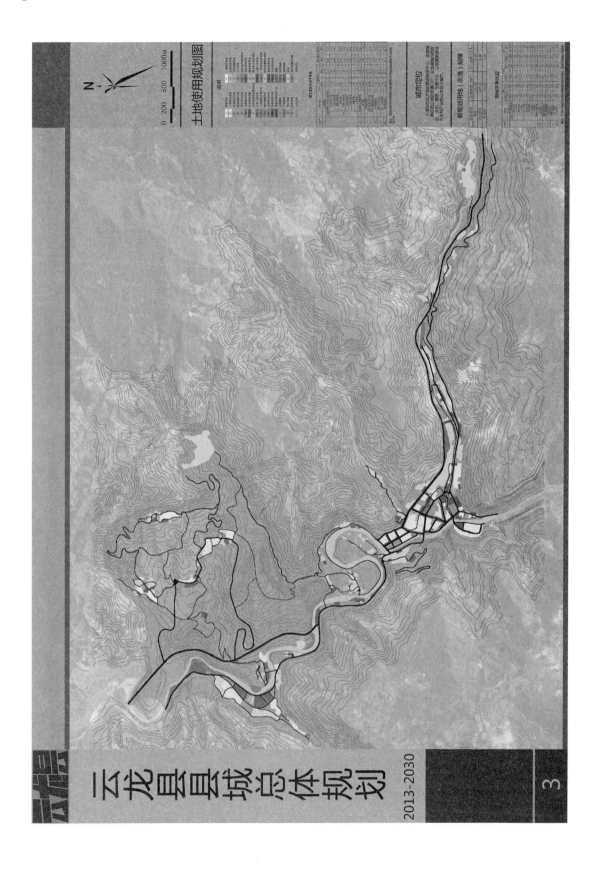

云龙县县城总体规划

2013-2030

3

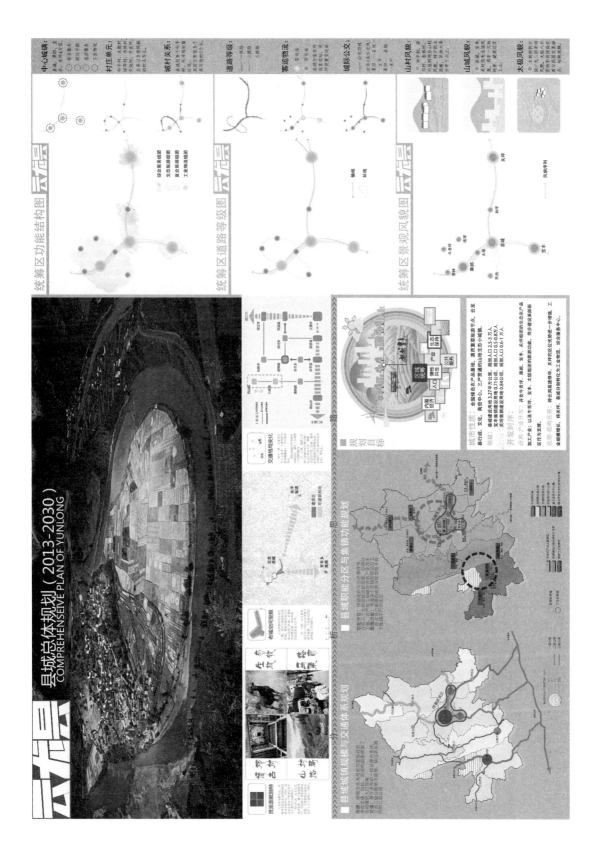

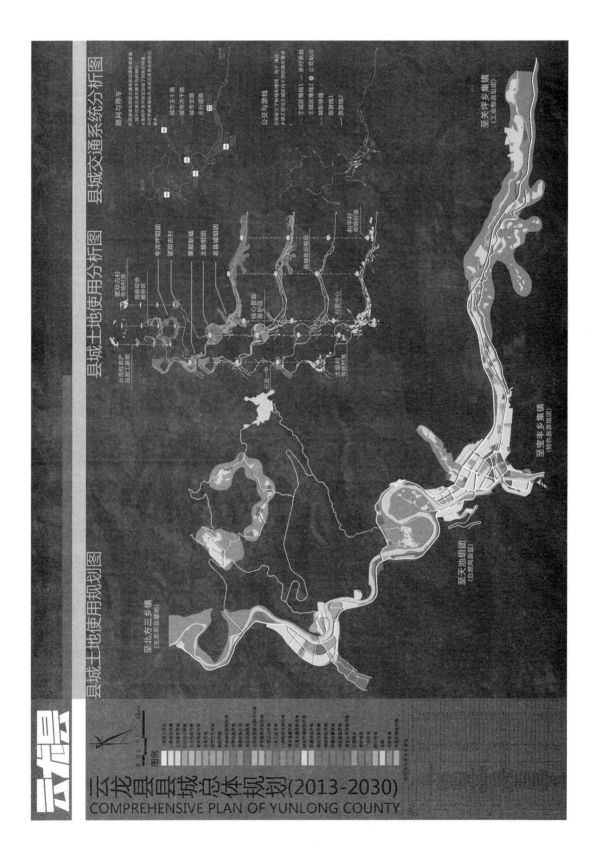

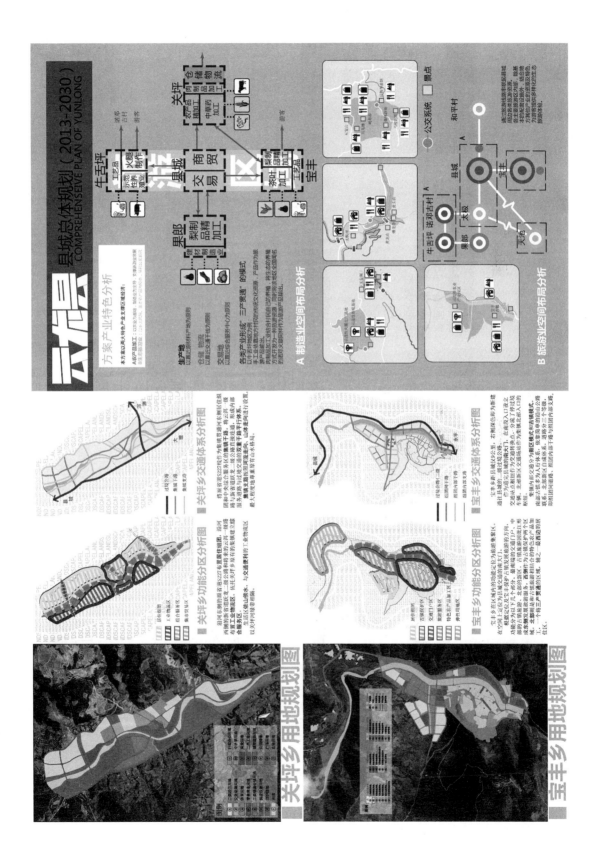

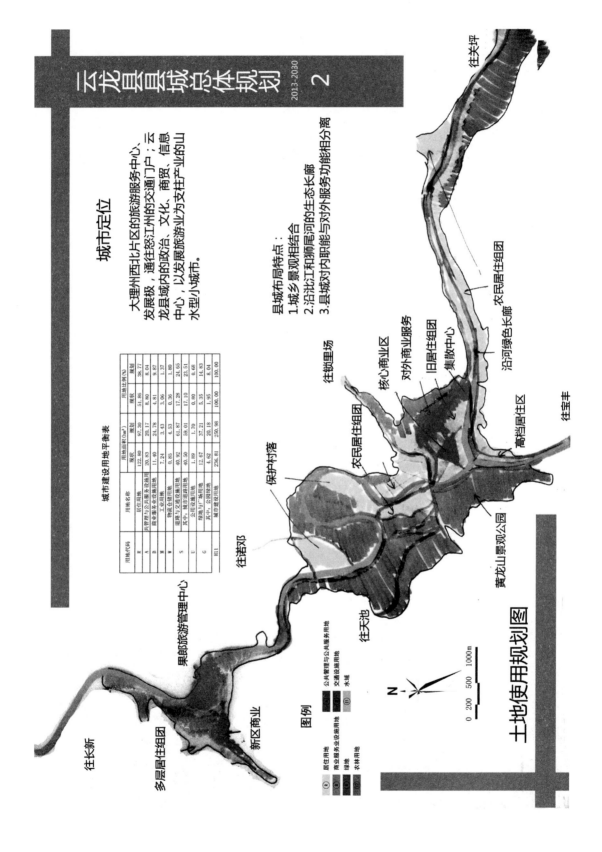

云龙县县城总体规划 2013-2030 2

城市定位

大理州西北片区的旅游服务中心、发展极，通往怒江州的交通门户；云龙县域内的政治、文化、商贸、信息中心，以发展旅游业为支柱产业的山水型小城市。

县城布局特点：
1.城乡景观相结合
2.沿沘江和狮尾河的生态长廊
3.县城对内职能与对外服务功能相分离

城市建设用地平衡表

用地代码	用地名称	用地面积(hm²)		用地比例(%)	
		现状	规划	现状	规划
R	居住用地	122.80	97.30	51.86	38.77
A	共管理与公共服务设施用地	20.83	20.17	8.80	8.04
B	商业服务业设施用地	11.40	24.78	4.81	9.87
M	工业用地	7.24	3.43	3.06	1.37
W	物流仓储用地	0.85	4.53	0.36	1.80
S	道路与交通设施用地	40.92	61.87	17.28	24.65
	其中：城市道路用地	40.50	59.01	17.10	23.51
U	公用设施用地	1.89	1.70	0.80	0.68
	绿地与广场用地	12.67	37.21	5.35	14.83
G	其中：公园绿地	4.62	20.18	1.95	8.04
H11	城市建设用地	236.81	250.98	100.00	100.00

图例
- 居住用地
- 商业服务业设施用地
- 绿地
- 农林用地
- 公共管理与公共服务用地
- 交通设施用地
- 水域

土地使用规划图

0 200 500 1000m

往关坪
往纵里场
核心商业区
对外商业服务
旧居住组团
集散中心
农民居住组团
沿河绿色长廊
高档居住区
往宝丰
黄龙山景观公园
往天池
保护村落
农民居住组团
往诺邓
果郎旅游管理中心
往长新
多层居住组团
新区商业

云龙县城市总体规划（2013—2030年）

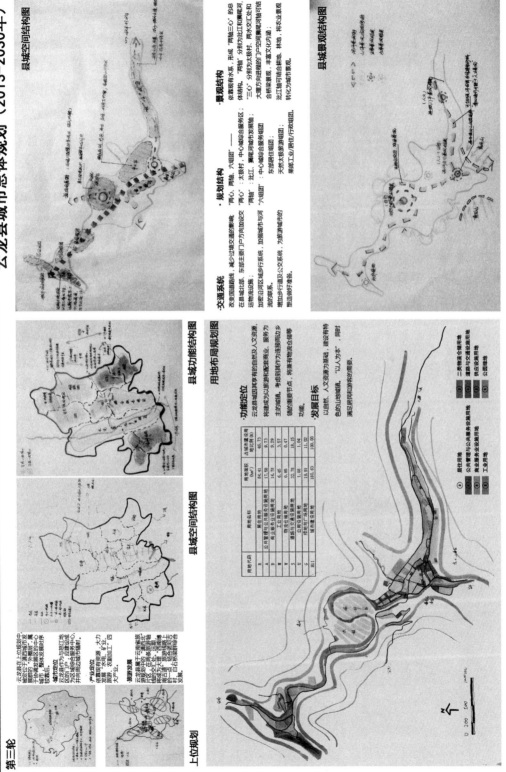

第三轮

县域空间结构图

县域功能结构图

县城空间结构图

上位规划

用地布局规划图

县城景观结构图

县城空间结构图

云龙县县城总体规划（2013-2030年）

概念演绎示意图

第三轮：

"带状田园城市"

县城的总体布局按照"带状城市"的理念发展，同时引入田园城市中"城一乡"二元结合的理念，将一些农村的风貌与自然环境资源保留在县城中，形成"城一村一城一村"的格局，使"城"有资源可用，"村"有服务资源可用，达到生态发展的目的。

县城主要分为以下几个片区：合区、和平村地区、太平村地区，东部功能综区，商业连接带、果郎新区。主要根据城区间的布局来构成，充分体现了"带状田园城市"这一概念。

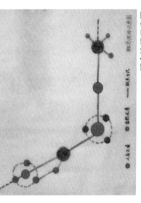

县城功能结构图

商业分布：

考虑到县城内的交通拥堵不堪，周末赶集的人群数量巨多，在县城东部做一条商业街，将一部分商业功能转移于此，同时可服务于东部的和平村地区。

绿地景观分布：

绿地景观主要沿着城市的形状呈带状分布，另在县城中加入了一些街头广场、滨河景观步道以及城市公园。

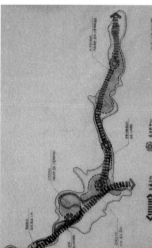

县域商业与绿地景观分布图

第二轮：

整个县的发展重点在于西南方向，加强它与周边城镇的联系，乡集镇主要依托于新建制镇的潜力还是很大的，因此发展设想的一个城点在于忽略了一些乡镇的发展活力，将会导致县城内部的不平衡发展。

县域功能结构图

将整个县域的分为几个功能相近的片区，发展各自主要的产业。这样不容易产生落后区域，使得整个县域得到较为平衡全面的发展。

县域功能结构图

第一轮：

县域功能结构图

云龙县位于昆明-大理-瑞丽的大区域旅游线附近，旅游业的潜力还是非常大的，漕涧可以直接向外通向6820高速，因此可以作为整个县除了县城之外的另一个中心。

区域结构图

云龙县在大理州的位置

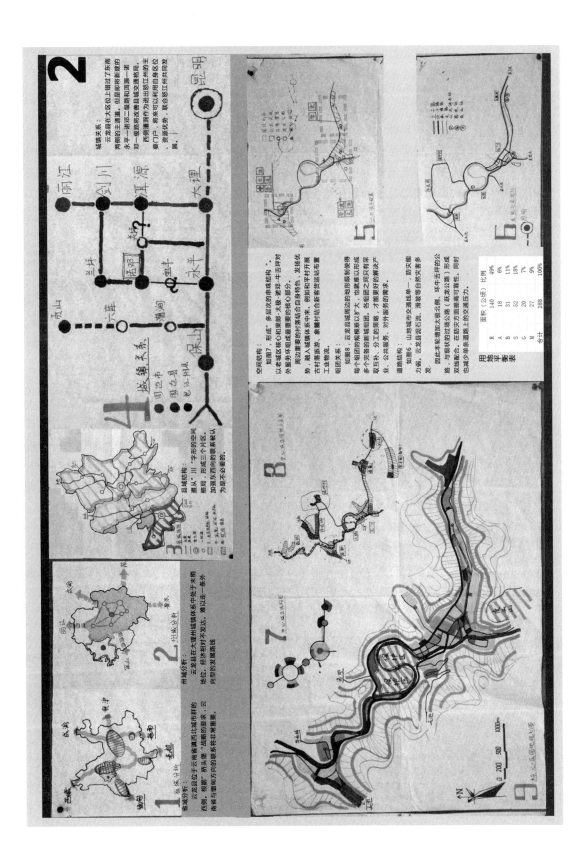

后　记

　　城市总体规划是城乡规划专业的核心课程，包括理论教学和实践教学两大环节，是学生全面认识、理解城市发展问题，从宏观层面综合判断并提出城市未来发展蓝图的训练过程。总体规划教学具有综合性、实践性强的特点，在理论教学方面几乎涉及了城乡规划本科阶段所有的专业基础知识，在实践教学环节主要训练学生综合运用所学知识解决实际问题的能力，同时作为法定规划还要求学生能够掌握在规划编制方面的基本要求。

　　由于教学内容非常综合，对学生能力培养要求高，增加了教材编写难度。近年来同济大学城市总体规划课程教学团队在总结了长期开展总体规划教学的经验，自 2010 年起，以总体规划课程设计实践教学为核心环节，围绕规划编制过程的训练，专门开设了以城市总体规划实务为主要内容的系列专题讲座，突出理论与实践的结合，内容涵盖城市调查与城市研究方法、空间布局规划、专项规划、总体规划编制内容和成果要求等方面，取得了较好的教学效果。

　　本教材是在这些专题讲座的基础上编写而成，主要内容包括城市总体规划概述、城市总体规划的空间层次、城市空间布局规划、城市综合交通和专项规划、城市总体规划的成果表达、城市总体规划的方法与技术等六个部分，并在附录中收录了相关法规、教学文件及教学作业。参加编写的教师包括彭震伟、张尚武、耿慧志、栾峰、潘海啸、戴慎志、钮心毅、张立、高晓昱、陆希刚、庞磊、谢俊民等，上海同济城市规划设计研究院王新哲、裴新生、马强等参与了教学及编写工作。钮心毅、朱玮负责了稿件的组织工作。

　　希望本教材的出版为国内相关院校开展城市总体规划教学起到积极的作用，也希望大家对教材内容的完善提出宝贵意见。

　　感谢同济大学城市规划系众多教师和同学为本教材出版付出的努力，感谢上海同济城市规划设计研究院、中国建筑工业出版社提供的支持和帮助。

编者